Deutsche Elektrolokomotiven im Bild

Jan Reiners

DB
103 222-6

Deutsche Elektrolokomotiven im Bild

Jan Reiners

transpress

Einbandgestaltung: Dos Luis Santos
Foto: Claus-Jürgen Jacobson

Bildnachweis:
Die zur Illustration dieses Buches verwendeten Aufnahmen stammen – wenn nichts anderes vermerkt ist – vom Verfasser.

ISBN 978-3-613-71345-1

1. Auflage 2008

Sie finden uns im Internet unter www.transpress.de

Lektorat: Hartmut Lange
Satz: Jürgen Knopf, Medien & Printprodukte, 74321 Bietigheim
Druck und Bindung: Rung-Druck, 73033 Göppingen
Printed in Germany

Vorwort

Der weitaus größte Teil aller Transportaufgaben, den die Eisenbahn in Deutschland wie in ganz Europa heutzutage erbringt, wird von elektrisch angetriebenen Triebfahrzeugen erbracht – das ist kein Zufall, denn kaum eine andere Antriebsart ist wirtschaftlicher und leistungsfähiger als der Elektroantrieb.

Der elektrische Zugbetrieb, wie wir ihn heute erleben, präsentiert den Stand einer über hundertjährigen Entwicklung, denn die erste praxistaugliche Elektrolokomotive fuhr bereits 1879. Der Berliner Werner von Siemens baute für die im selben Jahr stattfindende Gewerbeausstellung eine zweiachsige elektrische Lokomotive nebst einer Reihe von Wagen. Dieser Zug drehte auf der Ausstellung ähnlich einem Jahrmarktskarussell seine Runden, die Lokomotive ist bis heute im Deutschen Museum in München erhalten geblieben. Siemens bewies mit dieser »Bahn« die Praxistauglichkeit der Elektrotraktion, denn der Betrieb verlief weitgehend störungsfrei. Für den Betrieb der »richtigen« Eisenbahn freilich war die Ausstellungsbahn doch eher ungeeignet, zumal eine ganze Reihe offener Fragen zuvor geklärt werden mussten, etwa die Frage, mit welcher Art von Strom Vollbahn-Lokomotiven versorgt werden. Ebenso war zu klären, wie die Fahrzeuge ihre Energie erhielten – Siemens hatte diese Frage bei seiner Ausstellungsbahn ähnlich gelöst, wie es bis heute ein großer Modellbahnhersteller macht: In der Mitte zwischen den Fahrschienen befand sich ein eiserner Mittelleiter, von dem die Lokomotive per Schleifer ihren Strom erhielt. Dass diese Konstruktion möglicherweise für Menschen nicht ganz ungefährlich ist, leuchtet ein. Zur Auswahl der Stromart standen damals Drehstrom, Gleichstrom und Wechselstrom – letzten Endes setzte sich in Deutschland die Verwendung von Wechselstrom durch. Bis heute verkehrt die Eisenbahn in Deutschland mit Wechselstrom, 15 kV und 16 $^{2}/_{3}$ Hertz. Das gleiche Stromsystem verwenden die Österreichischen wie auch die Schweizer Eisenbahnen, während etwa in Frankreich, Italien oder den Niederlanden und zahlreichen anderen Netzen andere Systeme genutzt werden.

Der Ausgangspunkt dieser Entwicklung ist ähnlich unscheinbar wie bei der Ausstellungsbahn von Siemens: Die Nebenbahn von Murnau nach Oberammergau in den bayerischen Alpen gilt als Keimzelle der Elektrotraktion mit hochfrequentem Wechselstrom auf Vollbahnen in Deutschland – die bis in die 1980er-Jahre hier eingesetzten Elloks der Reihe 169 sind somit die direkten Vorfahren heutiger Hochleistungsmaschinen, auch wenn sie optisch wenig Ähnlichkeit mit »Taurus« und Co zeigen. Die Entwicklung geeigneter Maschinen hat sich seit den Anfängen ohnehin gründlich verändert. Ursprünglich entstanden die Lokomotiven in Zusammenarbeit zwischen der Fahrzeugindustrie und den jeweiligen Eisenbahnen. Heute bieten die Hersteller sogenannte »Produktplattformen« an, d. h., sie konstruieren Lokomotiven für unterschiedliche Zwecke, die die Bahngesellschaften gewissermaßen »von der Stange« fertig kaufen können. Ebenfalls möglich ist der Bezug von Fahrzeugen ähnlich wie beim Erwerb neuer Autos in Form von Mieten oder Leasing – so bot etwa die Firma Siemens-Krauss-Maffei (bis zum Verkauf an die japanische Mitsui & Co im Oktober 2006) einen sogenannten »Dispo-Pool« an, das sind Lokomotiven, die weiterhin der Herstellerfirma gehören, aber an Bahngesellschaften verliehen werden. Für den Unterhalt, die Wartung etc. bleibt die Herstellerfirma verantwortlich.

Das vorliegende Buch stellt die wichtigsten und markantesten Typen deutscher Elektrolokomotiven in Wort und Bild mit den technischen Daten vor. Bedanken möchte ich mich an dieser Stelle bei allen Bildautoren und Mitarbeitern, ohne deren Unterstützung und Hilfe das Buch nicht hätte entstehen können. Ich wünsche allen Lesern viel Freude bei der Lektüre.

Bremen, im August 2008 Jan Reiners

▲ Die verkehrsrote 155 089 durchfährt am 10. Oktober 2004 den Bahnhof am Flughafen von Berlin-Schönefeld.

Einleitung

Elloks in Deutschland: Entwicklung bis 1920

Als im Jahr 1879 auf der Gewerbeausstellung in Berlin eine kleine, von Siemens & Halske gebaute Elektrolok ihre ersten Runden zog, lag der Beginn der elektrischen Zugförderung genau genommen schon fast ein halbes Jahrhundert zurück. 1835, in dem Jahr als George Stevenson (1781–1848) mit seiner Dampflok »Adler« zwischen Nürnberg und Fürth seinen triumphalen Erfolg feierte, entwickelte Sibrandus Stratingh (1785–1841) zusammen mit seinem Instrumentenbauer Chistopher Becker an der Universität Groningen einen kleinen, elektromagnetisch angetriebenen Wagen. Das Vehikel fuhr zwar nicht auf Schienen und beförderte auch noch keine Nutzlast, sein Antrieb war aber in der Lage, das Fahrzeug selbständig fortzubewegen.
Nach weiteren Versuchen fertigte 1847 der Amerikaner Moses Gerrish Farmer (1820–1893) eine kleine, schienengebundene Lokomotive mit einer Spurweite von 45 cm. Die Lok, die auf zwei Anhängern zwei Personen befördern konnte, bezog wie der Wagen von Stratingh und Becker ihre elektrische Energie aus mitgeführten Akkumulatoren.

▲ Mit dieser kleinen Lok erregte Werner von Siemens 1879 auf der Gewerbeausstellung in Berlin die Aufmerksamkeit der Bevölkerung. Die Lok zog auf der Ausstellung mehrere offene Wagen, auf denen das Publikum mitfahren konnte. *Foto: Werkfoto Siemens*

▼ Die ersten Elektrolokomotiven wurden zunächst entwickelt, um Dampflokomotiven in für sie ungeeigneten Einsatzgebieten, wie im Bergbau abzulösen. Die Maschinen hatten keinen eigentlichen Lokkasten und bezogen ihre elektrische Energie über kleine Laufkatzen aus an den Decken montierten Stromschienen. *Foto: Werkfoto Siemens*

Ein entscheidender Fortschritt gelang Werner von Siemens (1816–1892), der 1866 das dynamoelektrische Prinzip entdeckte. Er erkannte, dass der beim Drehen des Ankers erzeugte Strom zur Verstärkung des Magnetfelds im Eisenkern des Motors verwendet werden kann, die sogenannte Selbsterregung. Der einmal magnetisierte Kern ermöglicht wiederum eine Selbsterregung des Motors. Damit war der Elektromotor in seiner heutigen Form geboren.
Schon bald dachte Siemens darüber nach, den neuen Motor auch in Schienenfahrzeugen einzusetzen und Dampflokomotiven in sensiblen Einsatzbereichen, beispielsweise im Bergbau oder in dicht besiedelten Gebieten, abzulösen. Seine kleine Lok, die 1879 auf der Gewerbeausstellung in Berlin gezeigt wurde, war eigentlich für das Senftenberger Braunkohlerevier gedacht. Anders als ihre Vorgänger bezog die Lok ihre Energie aber nicht aus Akkumulatoren, sondern aus einer zwischen den Gleisen laufenden Stromschiene. Der Strom dafür konnte von stationären Kraftanlagen erzeugt werden.

▲ Die »Localbahn-A.G. München« (LAG) eröffnete am 1. Januar 1905 zwischen Murnau und Oberammergau die erste in Deutschland mit Einphasen-Wechselspannung elektrifizierte Bahnlinie. Ab 1906 wurde LAG 1 als erste Ellok auf dieser Strecke eingesetzt. Nach ihrer Ausmusterung wurde die Lok im Aw München-Freimann als Denkmal aufgestellt, wo am 31. Oktober 1980 diese Aufnahme enstand.

▲ Auf der mit Drehstrom elektrifizierten Versuchsstrecke zwischen Marienfelde und Zossen im Süden Berlins führte die »Studiengesellschaft für elektrische Schnellbahnen« (St.E.S.) Probefahrten durch. Hier wurde 1903 von einem Triebwagen mit 210,2 km/h der Geschwindigkeitsweltrekord für Schienenfahrzeuge erreicht. Die Ellok brachte es immerhin noch auf eine Höchstgeschwindigkeit von 150 km/h. *Foto: Werkfoto Siemens*

▲ Die 10 501 war mit ihren beiden großen Treibachsen die erste elektrische Schnellzuglok der KPEV und wurde zu zahlreichen Versuchsfahrten herangezogen. Sie wurde 1911 in Dienst gestellt und schon 1923 ausgemustert, weil sie nicht mehr den Anforderungen entsprach. *Foto: Werkfoto Siemens*

Noch im selben Jahr legten Siemens & Halske erste Pläne für eine elektrisch betriebene Hochbahn vor, die aber nicht genehmigt wurden.

1881 baute Siemens in Lichterfelde bei Berlin die erste elektrische Straßenbahn. Dieser Versuchsbahn folgten weitere Strecken, die elektrische Straßenbahn setzte sich mehr und mehr durch. Allerdings zeigte sich bald, dass aus Sicherheitsgründen für die Stromzuführung Oberleitungen nötig waren. Dies führte zu Unstimmigkeiten mit den Behörden, weil die meist sehr klobigen Oberleitungen das Stadtbild beeinträchtigt hätten. Nachdem die Stromabnahme durch Rollen- und später durch Schleifstromabnehmer immer weiter verfeinert werden konnte, stand der Genehmigung für den Bau von Oberleitungen nichts mehr im Wege.

Weil die kleine, als Grubenlok konzipierte Siemensmaschine so großen Erfolg hatte, entschieden in der Folge viele Zechen, ihre Grubenbahnen zu »elektrisieren«, wie es damals noch hieß und bestellten zahlreiche ähnliche Maschinen.

Im April 1883 wurde die »Deutsche Edison-Gesellschaft für angewandte Elektricität« – kurz DEG – gegründet und 1887 in die »Allgemeine Elektricitäts-Gesellschaft« (AEG) umgewandelt. Sie hatte sich zum Ziel gesetzt, den elektrischen Antrieb auch für Eisenbahnen zu nutzen. Die bisher verwendete Gleichspannung erwies sich aber als ungeeignet für die Versorgung langer Strecken. Die Lösung lag in der Verwendung von Wechselspannung. Schließlich verhalf die Erfindung des Asynchronmotors durch den langjährigen AEG-Chefkonstrukteur Michael von Dolivo-Dobrowolsky (1862–1919) dem Dreiphasen-Wechselstrom – später Drehstrom genannt – 1889 zum endgültigen Durchbruch.

Dennoch wurde im Dezember 1895 von der Lokalbahn Aktien-Gesellschaft (LAG) in München als erste »elektrische Vollbahn in Europa« die 4,2 km lange Privatbahn von Tettnang nach Meckenbeuren mit einer Fahrleitungsspannung von 750 V Gleichspannung in Betrieb genommen.

▲ Die EG 571ab bis 579ab wurden als direkte Nachfolger der EG 538abc bis 549abc in Dienst gestellt. Statt des Stangenantriebs erhielten sie einen Einzelachsantrieb mit kleinen Fahrmotoren. Die Loks bekamen ab 1923 die Baureihenbezeichnung E 92^{7}. *Foto: Werkfoto Siemens*

▲ 1911 trafen sich die erste badische Elektrolokomotive, die A^{1}1 (links) und eine preußische Schnellzuglok (rechts) zu Vergleichsfahrten auf dem mitteldeutschen Streckennetz. *Foto: Werkfoto Siemens*

1899 wurde die »Studiengesellschaft für elektrische Schnellbahnen« (St.E.S.) gegründet, an der neben verschiedenen Firmen der deutschen Maschinenbau- und Elektroindustrie auch die Preußischen Staatseisenbahnen beteiligt war. Ihr Ziel war die Erprobung des Drehstromantriebs für die Zugförderung bis an die Grenzen des damals möglichen Geschwindigkeitsbereichs. Auf der 23 km langen Teststrecke zwischen Marienfelde und Zossen erreichte am 27. Oktober 1903 der von S & H gebaute Triebwagen mit 210,2 km/h einen neuen Geschwindigkeitsweltrekord für Schienenfahrzeuge, der erst 1955 durch die Französischen Staatsbahnen gebrochen wurde.

Die Stromzuführung erfolgte über eine 5 bis 7 m hohe Fahrleitung. Sie verlief neben den Gleisen und bestand aus mit drei übereinander angeordneten Schleifleitungen. Auf dem Fahrzeug waren zwei mal drei Stromabnehmer montiert, die sich an die drei Oberleitungen anpressten. Durch diese komplizierte Stromzuführung war der Einsatz von Drehstrom unattraktiv und man wandte sich deshalb dem Einphasen-Wechselstrom zu, der mit einer Fahrleitung auskommt, wenn die Gleise als Rückleiter verwendet werden.

▲ Die schweren dreiteiligen Elloks EG 538abc bis 549abc wurden zwischen 1915 und 1922 geliefert. Die Sechsachser waren für den Kohlenverkehr in Niederschlesien vorgesehen und wurden von der Deutschen Reichsbahn ab 1923 als Baureihe E 91^3 geführt. *Foto: Werkfoto Siemens*

Die LAG

Die »Localbahn-A.G. München« (LAG) befasste sich ebenfalls mit der elektrischen Zugförderung. Sie hatte im April des Jahres

▲ Die ersten streckentauglichen Elloks besaßen große Rundmotoren, die ihr Drehmoment über Stangen direkt auf die Radsätze übertrugen. Die Lok 10 297 wurde 1912 an die Königlich Preußische Eisenbahn-Verwaltung (KPEV). Sie schied bereits 1930 als E 70 05 aus dem Bestand der Deutschen Reichsbahn-Gesellschaft aus. *Foto: Werkfoto Siemens*

▲ LAG 5 war die stärkste Lok auf der Strecke Murnau und Oberammergau. Sie wurde wie die anderen vier Loks von der Reichsbahn übernommen und als E 69 05 bezeichnet. Mit der UIC-gerechten Nummer 169 005 wartet sie am 31. Oktober 1980 im Aw München-Freimann auf eine Untersuchung.

1900 die 23,6 km lange Bahnlinie von Murnau nach Oberammergau in Betrieb genommen, die ursprünglich für einen Betrieb mit 800-V-Drehstrom und 50 Hz vorgesehen war. Die Pläne scheiterten zunächst an der Finanzierung, daher betrieb man die Strecke zunächst mit Dampfloks. 1904 wurde die Elektrifizierung erneut in Angriff genommen. Nun entschied man sich aber – erstmals in Deutschland – für den Einphasen-Wechselstrom (5.000 V, 16 Hz): Am 1. Januar 1905 startete der elektrische Betrieb. Zunächst hatte die Eisenbahngesellschaft nur vier dreiachsige Triebwagen, 1906 folgte mit der LAG 1 die erste zweiachsige Ellok und 1930 wurde mit er LAG 5 die letzte und stärkste Elektrolok der LAG in Dienst gestellt. Nachdem die Deutsche Reichsbahn-Gesellschaft (DRG) 1938 die Bahn übernommen hatte, reihte sie die Loks als Baureihe E 69 ein. 1954 wurde die Strecke auf die üblichen 15 kV, 16 2/3 Hz umgestellt und die Loks E 69 02 bis 05 entsprechend umgebaut. Alle fünf Maschinen sind bis heute als Museumsloks der Nachwelt erhalten geblieben.

Die Hafenbahn Altona

Auch die Preußischen Staatseisenbahnen setzten auf die Einphasen-Wechselspannung. Zu ihrem Streckennetz gehörte der 1,7 km lange Hafenbahn Altona, zu der auch ein 951 m langer Tunnel mit einer starken Steigung gehörte. Dampfloks kamen auf der steilen

Rampe schnell an ihre Leitungsgrenzen und das Personal war im »Schellfischtunnel« schweren Belastungen ausgesetzt. Die KPEV entschloss sich daher zur Elektrifizierung mit 3.000 V. Sie setzte vier Versuchslokomotiven unterschiedlicher Bauarten ein, um weitere Erfahrungen mit Elloks zu gewinnen. Alle vier Loks, die später von der DRG als Baureihe E 73 bezeichnet wurden, hatten Einzelachsantrieb.

Bei den Lokomotiven für den Streckeneinsatz beschritt die KPEV dagegen andere Wege. Hier entschied man sich hier für den Stangenantrieb und entwickelte ab 1911 unter den Bezeichnungen ES 1 bis ES 19 Schnellzuglokomotiven mit großen Treibrädern und großen Rundmotoren, die direkt über Kuppelstangen miteinander verbunden waren. Die letzte dieser Maschinen wurde 1922 in Dienst gestellt. Die Loks hatten Nennleistungen zwischen 660 kW und 1.470 kW und waren alle über 100 km/h schnell. Der Ausbruch des Ersten Weltkriegs verhinderte die Fertigstellung der zweimotorigen EG 4, mit 1.765 kW die stärkste Lok. Ihr Lokkasten wurde 1923 ausgemustert.

Für den Antrieb von Güterzuglokomotiven wählte man wie bei den Dampfloks viele kleine Treibachsen, die ein größeres Antriebsmoment auf die Gleise bringen. So war die erste Güterzuglok, die EG 501 Halle, eine vierfach gekuppelte Versuchsmaschine mit zwei großen Rundmotoren und zwei Laufachsen. Sie sollte 1911 auf Industrie- und Gewerbeausstellung in Turin gezeigt werden, wurde aber nicht rechtzeitig fertig und kam im April 1912 direkt in den Probebetrieb. Die nachfolgenden Maschinen hatten ebenfalls vier gekuppelte Radsätze, aber nur einen Motor. Deshalb konnte auf Laufachsen verzichtet werden.

Bei der EG 509/510 handelte es sich um eine Doppellokomotive, die ursprünglich für die Bern-Lötschberg-Simplon-Bahn (BLS) vorgesehen war. Die BLS übernahm die Lok zunächst für Probefahrten. Nachdem ihr aber eine leistungsfähigere Maschine angeboten wurde, kam die Doppellok nach zurück Deutschland und wurde von der KPEV übernommen.

Nach den positiven Erfahrungen mit der Einphasen-Wechelspannung ließ die KPEV neben den elektrischen Strecken in den Großräumen Berlin und Hamburg auch Verbindungen im Mitteledeutschen Raum (KED Halle) und in Niederschlesien (KED Breslau) elektrifizieren. Außerdem wurde 1912 ein »Übereinkommen betreffend die Ausführung elektrischer Zugförderung« erarbeitet, an der auch Vertreter der bayerischen und badischen Staatsbahnen teilnahmen.

1914 stellte die KEPV mit den EG 511 bis 513 (E 71 11 bis 13) die ersten drei Lokomotiven in Dienst, denen 1920/1922 24 weitere Maschinen folgten. Die E 71 war somit die ersten »Großserien«-Ellok in Deutschland. Die Maschinen haben zwei Antriebsgruppen mit je einem Rundmotor, der über Zahnräder eine Blindwelle antreibt. Erst von der Blindwelle gelangt das Drehmoment über Stangen auf die Radsätze. Beide Antriebsgruppen sind über eine bewegliche Brücke, auf welcher der mittlere Lokkasten steht, miteinander verbunden. Die Loks kamen nach Mitteldeutschland und bewährten sich gut. 1931 wurden vier Maschinen nach Baden auf die Wiesen- und Wehratalbahn umgesetzt, um dort die E 62 abzulösen. Sie wurden von der DB erst Ende der 1950er-Jahre abgestellt. Die E 71 19 kam zunächst zur Deutschen Gesellschaft für Eisenbahngeschichte (DGEG) und steht heute in Bahnpark in Augsburg. Als zweite DB-Maschine blieb die E 71 28 erhalten, die heute vom Technikmuseum in Berlin betreut wird. Das Verkehrsmuseum in Dresden hat die E 70 30 in seiner Obhut.

Bayern

Schon 1907 begannen die kaiserlich-königlichen österreichischen Staatsbahnen (kkStB) die Strecke Innsbruck – Reutte i. T. mit Oberleitung zu überspannen, nachdem die Elektrifizierung des deutschen Teils durch Bayern gesichert war. 1912 wurde der Probebetrieb aufgenommen, allerdings mit Österreichischen Loks, weil die fünf bestellten EP 3/5, die späteren E 62 01 bis 05, noch nicht geliefert werden konnten.

Die E 62 hatten eine Leistung von 710 kW und waren 40 km/h schnell. Als Neuerung waren sie mit elektrischem Anschluss für die Zugheizung ausgestattet, statt des üblichen Dampfkessels.

Den EP 3/5 folgten 1914 für die Strecke Freilassing – Berchtesgaden acht Personenzuglokomotiven der Baureihe EP 3/6 (E 36[1]), zwei vierachsige Güterzuglokomotiven mit Einzelachsantrieb als EG 1 (E 73 01 und 02) und zwei vierachsige Güterzuglokomotiven mit Stangenantrieb, EG 2 (E 71 21 und 22).

Baden

Als dritte Länderbahn beschäftigen sich die Großherzoglich Badischen Staatseisenbahnen mit der Elektrifizierung ihrer Eisenbahnstrecken. Im Januar 1913 fuhr die erste Elektrolokomotive von Basel nach Zell und im Herbst wurden die Strecken Basel – Zell und Schopfheim – Säckingen eröffnet.

Die Badischen Staatseisenbahnen beschafften Lokomotiven der Gattungen A1, A2 und A3. Die 1910 gebaute A1 und war eine

▲ Mit den Loks EG 511 bis 513 (E 71 11 bis 13) stellte die KEPV ab 1914 die erste deutsche »Großserien«-Ellok in Dienst. E 71 28 blieb als Museumslok erhalten und stand am 30. April 2002 im Betriebswerk Nürnberg. *Foto: Claus-Jürgen Jacobson*

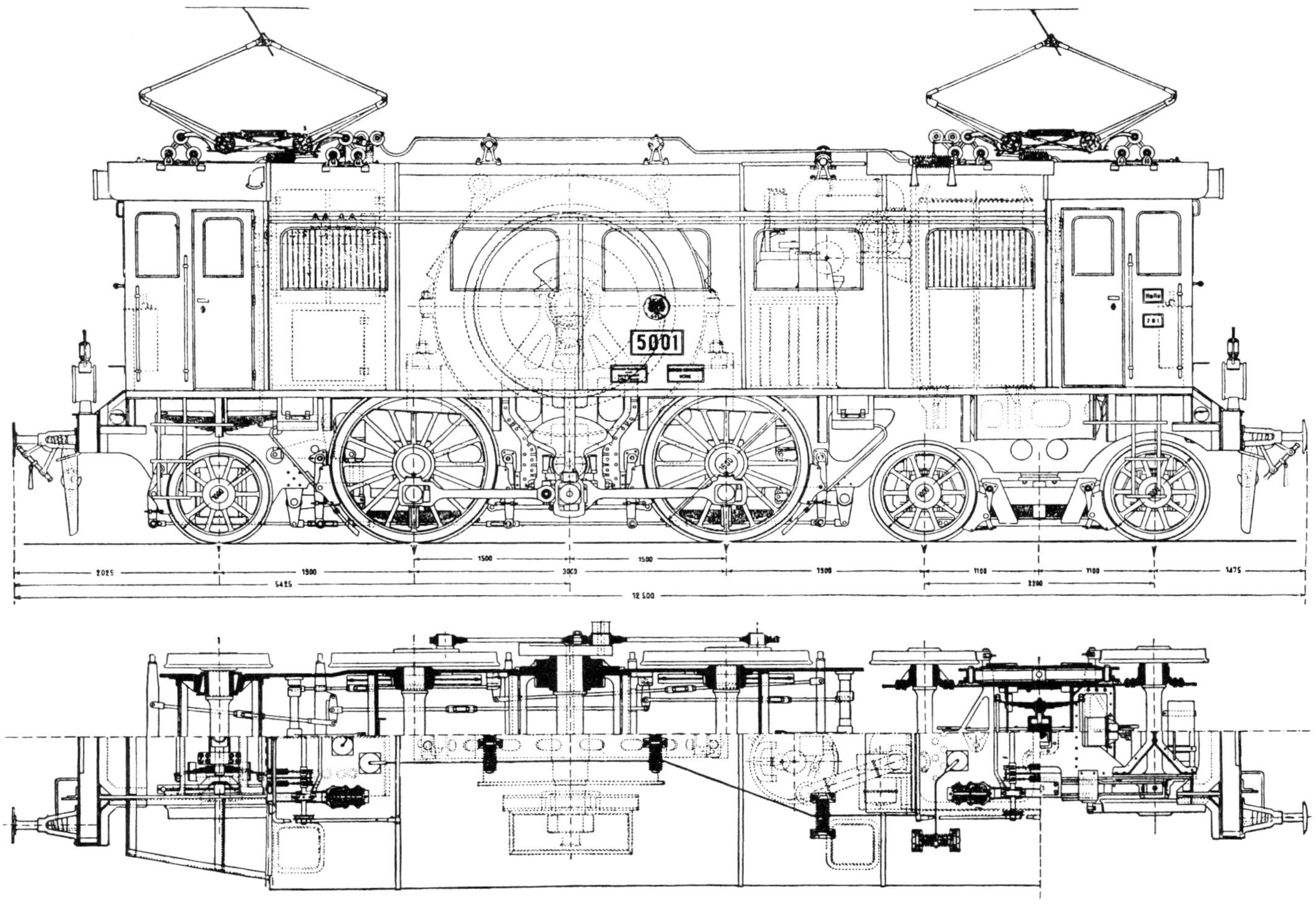

▲ Seitenansicht (oben), Draufsicht auf das Laufwerk (Mitte) und das Dach (unten) der Schnellzuglok 5001 der KPEV.
Zeichnung: Regierungsbaumeister B. Wachsmuth, Berlin-Steglitz: Die Steuerungen der elektrischen Wechselstrom-Hauptbahnlokomotiven der preußischen Staatsbahnen (Fortsetzung); Elektrische Kraftbetriebe und Bahnen, Band 1916, S. 177-186; Slg. P. Erdmann

1' C 1'-Lokomotive mit Stangenantrieb und Blindwellen, einer Höchstgeschwindigkeit von 75 km/h und einer Stundenleistung von 700 kW. Die neun Loks der Baureihe A2 entstanden ab 1912 und hatten zwei Rundmotoren mit zusammen 750 kW. Sie hatten drei Antriebs- und zwei Laufradsätze. Die A3 wurde ab 1913 in Dienst gestellt. Mit ihrer Höchstgeschwindigkeit von 70 km/h sollte sie ausschließlich Eil- und Personenzüge befördern. 1927 wurden die A2 als E 61^0 und die A3 als E 61^2 in den Bestand der Deutschen Reichsbahn übernommen. Doch bereits 1930 wurden beide Exemplare ausgemustert. Drei Jahre später, am 13. November 1933, musste E 61 09 als letzte A2 ihren Dienst quittieren.

Elloks der Deutschen Reichsbahn
Baureihen E 06, E 52, E 75, E 77 und E 91

Auch nach dem Ersten Weltkrieg und der Vereinigung der Länderbahnen zu den Reichseisenbahnen im Jahr 1920 war die Zeit der Stangenelloks noch nicht vorbei. Die Antriebsform wurde weiterentwickelt und den direkten Antrieb löste ein Antrieb mit Vorgelege ab. So konnten immer stärkere und leistungsfähigere Stangenelloks gebaut werden.

Die meisten der in den ersten Jahren nach dem Krieg gelieferten Baureihen basierten noch auf Konstruktionen der einzelnen Länderbahnen. Viele wurden schon vor oder während des Kriegs bestellt, konnten aber nicht ausgeliefert werden. So ist es zu erklären, dass sie ursprünglich nur für das ehemalige Streckennetz dieser Bahnen vorgesehen waren.

Zwei noch vor dem Krieg bestellte Baureihen der ehemaligen preußischen Staatsbahnen bildeten den Anfang der Nachkriegslieferungen. 1919 nahmen zehn Doppelloks unter den Nummern EG 551/552 bis 569/570 (später Baureihe E 90^{5}) den Betrieb auf. Die sechsachsigen Maschinen waren für den Reise- und Güterzugdienst auf den schlesischen Gebirgsstrecken vorgesehen. Am Ende des Zweiten Weltkriegs waren noch drei Loks im Bestand. Die Deutsche Reichsbahn der DDR musterte sie 1956 aus und verschrottete sie.

Die zweite Ellokbaureihe aus der Vorkriegsbestellung war für Reisezüge in Schlesien vorgesehen. Die beiden, später als E 49 bezeichneten Doppellokomotiven EP 209/210 und EP 211/212 blieben nur bis 1925 bzw. 1929 im Dienst.

Um bei den Elloks eine unüberschaubare Anzahl an Baureihen zu verhindern, wie sie bei den Dampflokomotiven entstanden war, wurde 1922 ein erstes Typenprogramm mit sieben Grundbauarten festgelegt. Dazu gehörten die Baureihen E 06, E 16, E 32, E 52, E 77, E 79 und E 91. Während die E 06 und die E 79 noch von Preußen bestellt worden waren, gehörten die E 16, E 32 und E 52 zu den bayerischen Maschinen. Die Elektrolokomotiven der Baureihen E 77 und E 91 waren für alle elektrischen Netze vorgesehen.

Ellok-Typenprogramm von 1922

Baureihe	Radsatzfolge	Verwendung	Anzahl	Änderung 1926
E 06	2'C2'	Schnellzüge	5	+ 2
E 16	1'Do1'	Schnellzüge	10	
E 32	1'C1'	Personenzüge	19	+ 10
E 52	2'BB2'	Güterzüge	35	
E 77	(1'B)(B1')	Güterzüge	37	+ 19
E 79	2'D1'	Güterzüge	2	
E 91	C'C'	Güterzüge	30	+ 4
Gesamt 173 Lokomotiven				

▲ E 32 27 wurde im August 1972 von der DB ausgemustert und blieb als Museumslok erhalten. Sie wurde im Zustand der 1960er-Jahre wieder aufgearbeitet und 1978 im Aw München-Freimann ausgestellt. *Foto: Claus-Jürgen Jacobson*

Als erste Maschinen des neuen Beschaffungsprogramms nahm die Deutsche Reichsbahn-Gesellschaft (DRG; seit 11. Oktober 1924) im Dezember 1924 die beiden EP 5 mit den Nummern 21501 und 21502 in Betrieb. Später reihte man sie als E 52 01 und 02 ein.
Ihre Konstruktion ging auf eine Ausschreibung aus dem Jahr 1921 zurück, die eine leistungsfähige Reisezuglokomotive für die bayerischen Hauptbahnen forderte. Die Industrie legte mehr als zehn Vorschläge mit unterschiedlichen Radsatzanordnungen und Antriebsvarianten vor. Die Entscheidung fiel zu Gunsten einer symmetrischen Radsatzanordnung mit zwei getrennten Antriebsgruppen mit je zwei Fahrmotoren. Auf diese Weise konnte trotz kleinerer Motoren die geforderte Leistung sichergestellt werden. Die kleineren Motoren ließen sich auch einfacher und kostengünstiger unterhalten als große. Über ein Vorgelege und eine schräge Kuppelstange übertrugen sie

▲ Für den Einsatz in Bayern wurde die Baureihe EP 2 ab 1925 als Personenzuglok beschafft. Die Deutsche Reichsbahn-Gesellschaft bezeichnete sie als Baureihe E 32 und ließ Mitte der 1930er-Jahre bei acht Maschinen die Getriebe ändern. Sie wurden als E 32 101 bis 108 bezeichnet. E 32 108 wartet 1965 im Bw München auf einen neuen Einsatz. *Foto: Jürgen Krantz*

ihr Drehmoment auf die Blindwelle zwischen den Kuppelradsätzen. Von dort gelangte es über weitere Stangen auf die Räder.
Schließlich wurden 35 Lokomotiven dieses Typs bestellt. Den mechanischen Teil fertigte Maffei in München, der elektrische kam von der WASSEG, einer Liefergemeinschaft aus AEG und SSW. Die Serienfertigung der EP 5 begann im April 1925 mit der Maschine mit der Nummer 21503. Als letzte EP 5 verlies 21535 Ende 1926 die Werkhallen.
Die Lokomotiven waren in München und Garmisch-Partenkirchen beheimatet und standen auf der Mittenwaldbahn im Einsatz. Später versetzte man einige Maschinen nach Rosenheim, wo sie die Strecken nach Freilassing und Kufstein befuhren. Ab 1935 zog die DRG sie aus dem schweren Schnellzugdienst ab und setzte sie mehr und mehr vor Güterzügen ein.
Nach dem Zweiten Weltkrieg verlagerte sich das Einsatzgebiet der E 52 in die Mitte und den Norden Bayerns. Zahlreiche Maschinen wurden in dieser Zeit in Treuchtlingen und Nürnberg beheimatet. Ende der 1960er-Jahre waren die Maschinen den Ansprüchen nicht mehr gewachsen und wurden verstärkt ausgemustert. 1972 schieden die letzten Loks aus dem aktiven Dienst aus. 17 E 52 wurden anschließend als Heizloks eingesetzt. Zwei von ihnen kamen dabei sogar nach Osnabrück (152 012) bzw. Seelze (152 013).

▲ Auch die ehemalige EP 5 mit der Nummer 21534 wurde Museumslok. Sie präsentiert sich 1978 im Aw München-Freimann in der bayerischen Ausführung mit braunem Kasten und Übergängen an den Stirnseiten. *Foto: Claus-Jürgen Jacobson*

Die E 52 34 blieb der Nachwelt erhalten, sie gehört dem DB-Museum in Nürnberg. 1979 wurde sie im AW Freimann wieder in den Originalzustand zurückversetzt und kann heute als EP 5 mit der Nummer 21534 bewundert werden.

Nur ein Jahr nach der E 52 entstand 1925 die Baureihe E 32. Bei den zunächst als EP 2 bezeichneten Lokomotiven handelte es sich praktisch um eine halbierte E 52. Die Antriebsgruppe der leichten Reisezuglokomotive mit den Doppelmotoren, dem Vorgelege und dem schrägen Stangenantrieb entsprach dem der Baureihe E 52. Auch der Kuppelraddurchmesser war mit 1.400 mm gleich. Allerdings wurden hier drei Radsätze über waagerechte Stangen zu einer Einheit zusammengefasst. Der Überstand vorn und hinten wurde kürzer ausgeführt, sodass auf eine Laufachse je Seite verzichtet werden konnte. Die Loks hatten eine Nennleistung von 1.170 kW und waren 75 km/h schnell. 1935/36 bekamen acht E 32 im Raw Freimann eine neue Getriebeübersetzung und konnten nun bis zu 90 km/h eingesetzt werden. Zur Unterscheidung wurden sie als E 32 101 bis 108 bezeichnet.

Die Maschinen wurden in Augsburg, Freilassing, München und Rosenheim beheimatet und auf allen elektrifizierten Strecken Bayerns eingesetzt. Im Zweiten Weltkrieg waren einige Loks auch in Garmisch und Neu-Ulm stationiert. Auf Befehl der Wehrmacht

Als Nachfolgerin der Baureihe E 77 hatte die E 75 einen einteiligen Lokkasten, der eine bessere Laufruhe der Lokomotiven gewährleistete. E 75 09 wurde von der DB als Musemslok aufgearbeitet und zeigt sich bei den Paraden zum 150-jährigen Eisenbahnjubiläum in Nürnberg im Ablieferungszustand mit grauem Lokkasten.
Foto: Claus-Jürgen Jacobson

wurden die E 32 11, 19, 27 und 33 nach Norwegen gebracht und dort eingesetzt. E 32 19 musste im Oktober 1943 ausgemustert werden, die anderen drei Loks kamen zurück nach Deutschland. Im Jahr 1955 versetzte die DB einige Loks zur badischen Wiesen- und Wehratalbahn, die dort die E 71 ablösten.
Mitte der 1960er-Jahre begann die Ausmusterung der Baureihe E 32, die seit 1968 als 132 geführt wurde. Am 1. August 1972 schieden die letzten Vertreter aus dem aktiven Dienst aus. Dazu zählte auch die 132 027, die bis heute als Museumslok erhalten geblieben ist.
Als erste netzübergreifende Ellok-Baureihe beschaffte die DRG ab 1925 die spätere Baureihe E 77. Sie war sowohl für das bayerische Netz als auch für das mitteldeutsche Netz beschafft worden. Die bayerischen Fahrzeuge wurden als EG 2 22001 bis 22031

▲ Am Ende ihrer Einsatzzeit nutzte die Deutsche Bundesbahn die alten Stangenelloks überwiegend als Rangierloks. Als 152 030 stand die schwere bayerische Maschine im Oktober 1970 in Ludwigshafen im Einsatz. *Foto: Jürgen Krantz*

bezeichnet, die mitteldeutschen hießen nach preußischen Vorgaben EG 701 bis 725. Die Loks hatten einen dreiteiligen Aufbau und zwei gegeneinander bewegliche Antriebsgruppen mit je zwei Kuppelradsätzen und einem nicht angetriebenen Vorlauf-Radsatz. Der Schrägstangenantrieb der Bauart Winterthur mit einem großen Rundmotor und Blindwelle bewährte sich zunächst nicht. Solange der Laufradsatz fest im Rahmen gelagert und der mittlere Radsatz seitenverschiebbar war, kam es immer wieder zu Stangenbrüchen. Deshalb legte man später zunächst den mittleren Radsatz fest und lagerte den Laufradsatz seitenverschiebbar. Dies verschlechterte jedoch die Laufeigenschaften aber erheblich und die Loks konnten nur noch bis zu einer Geschwindigkeit von 65 km/h eingesetzt werden. Deshalb wanderten sie mehr und mehr in den Güterzugdienst ab, wo diese Geschwindigkeit noch ausreichte. Im Zweiten Weltkrieg kamen alle süddeutschen E 77 im Tausch gegen Loks der Baureihe E 75 nach Mitteldeutschland und blieben dort bis zum Kriegsende.

Nach dem Krieg befanden sich 51 Lokomotiven auf dem Gebiet der sowjetischen Besatzungszone. Die Besatzungsmacht stellte im Frühjahr 1946 den elektrischen Zugbetrieb ein. 35 betriebsfähige und sechs lauffähige E 77 wurden in die Sowjetunion abgefahren. Die meisten kamen 1952 auf eigenen Rädern wieder in die DDR

▲ Die Loks der Baureihe E 77 gehören zum 1922 von den Reichseisenbahnen verabschiedeten Ellok-Programm. Sie wurden ab 1925 als Reihe EG 3 für das bayerische und als EG 701 ff. für das preußische Netz beschafft. Nach dem Zweiten Weltkrieg blieben alle Loks bei der DR der DDR. E 77 10, die letzte Vertreterin dieser Baureihe, steht als Museumslok am 11. Juni 1982 im Bahnhof Erfurt-West.

zurück. Sie waren aber allesamt nicht betriebsfähig. Zehn Maschinen wurden vom RAW Dessau in der Folgezeit wieder aufgearbeitet und den Betriebswerken Magdeburg-Buckau und Leipzig-Wahren zugeteilt, die sie bis Mitte der 1960er-Jahre im Güterzugdienst einsetzten. Später kam das Bahnbetriebswerk Bitterfeld als Heimat hinzu.

1969 schied die E 77 10 als letzte schied E 77 10 aus dem Plandienst aus. Sie blieb als betriebsfähige Museumslok erhalten und kann heute noch vor Sonderzügen bewundert werden. Ist sie gerade nicht unterwegs, steht sie im Museumsschuppen des Verkehrsmuseums in Dresden.

Die Lieferung der E 77 ging 1926 nahtlos in die Fertigung der Baureihe E 91 über, die eine technisch verbesserte Version der E 77 darstellt. Augenscheinlichster Unterschied war der nun ebenfalls angetriebene äußere Radsatz. Die Loks hatten also zwei dreiachsige Triebwerksgruppen ohne Laufachsen. Kleinere und stärkere Motoren ersetzten den großen Rundmotor der Vorgängerbaureihe. Zwei Motoren wirkten über eine Bildwelle auf eine Triebwerksgruppe. Die E 91 war mit 2.200 kW Leistung 220 kW stärker als die E 77. Auch sie wurde für das bayerische (E 5, E 91 01 bis 20) und das mitteldeutsche Netz (EG 581 bis 591, E 91 81 bis 94) beschafft. Die Maschinen bewährten sich so gut, das die DRG 1929 eine zwölf Loko-

▲ Vor der Aufarbeitung war 175 009 längere Zeit im Aw München-Freimann abgestellt. Sie wurde 1960 von der DB modernisiert und bekam dabei u. a. gummigefasste Stirnfenster. Die Aufnahme entstand am 7. April 1982.

motiven umfassende Nachbauserie als E 91 95 bis 106 beschaffte. Sie unterschieden sich von der Vorgängerserie durch andere Stirnfenster und Lüftergitter. Aus dieser nachträglich gefertigten Serie stammt die noch heute vorhanden Museumslok E 91 99.
München war die erste Heimat der bayerischen Loks, die schlesischen Maschinen kamen nach Hirschberg. Die Elektrifizierung der Strecke München – Stuttgart im Jahr 1933 brachte eine erste große Umbeheimatungswelle. So kamen schlesische Maschinen nach Kornwestheim und Ulm. Sie wurden auf der Geislinger Steige als Schublokomotiven eingesetzt.
Die zwölf Vertreter der Baureihe E 91^9 kamen zum Bw Waldenburg-Dittersbach. Für den Einsatz auf den Gebirgsstrecken hatten sie zusätzlich zur Druckluftbremse eine elektrische Widerstandsbremse. Mit dem Heranrücken feindlicher Truppen wurden die Lokomotiven kurz vor Kriegsende nach Bayern zurückgezogen. Nur E 91 103, 105 und 106 befanden sich zum Kriegsende noch in Schlesien.
Die DB arbeitete die bei ihr verbliebenen E 91 auf und setzte sie bevorzugt in Bayern ein. Zunächst fand diese Baureihe außerhalb Bayerns nur in Haltingen und Kornwestheim eine neue Heimat. Ab 1968 kamen die Loks bis ins Ruhrgebiet und wurden dort in Oberhausen-Osterfeld beheimatet.
Auch für diese Stangenveteranen kam in den 1960er- und 1970er-Jahren das Aus. Ende 1975 waren die Loks vollständig von den Gleisen der DB verschwunden.

▲ Die E 91 ist die stärkere Version der E 77. Sie hat ebenfalls einen dreiteiligen Kasten, aber bei ihr sind alle Radsätze angetrieben. E 91 10 rangiert am 18. August 1965 in Reutlingen Hbf. *Foto: Jürgen Krantz*

Die bei der Deutschen Reichsbahn der DDR verbliebenen E 91 wurden nach ihrer Rückkehr aus der Sowjetunion nicht mehr instand gesetzt, sondern ausgemustert.
Mit den Laufeigenschaften der E 77 war man nie richtig zufrieden. Die DRG hielt aber an einer elektrischen Mehrzwecklok fest, deshalb wurde die E 77 überarbeitet und verbessert. So entstand die zwischen 1928 und 1931 gebaute E 75. Sie besaß die gleiche Achsfolge wie die E 77 und den gleichen Antrieb mit den großen Rundmotoren. Lokrahmen und -kasten waren aber einteilig. Auch hier wurde nach mittel- und süddeutschen Loks unterschieden. So waren die E 75 01 bis 12 für die Reichsbahndirektion (Rbd) München vorgesehen, die E 75 51 bis 69 für die Rbd Halle.
1944 wurden alle mitteldeutschen E 75 nach Bayern überführt, im Gegenzug kamen alle bayerischen E 77 nach Mitteldeutschland. So verblieben die meisten E 75 nach dem Zweiten Weltkrieg bei der Deutschen Bundesbahn. Sie ließ 22 Loks wieder aufarbeiten und setzte sie hautsächlich in Bayern ein.
Die E 75 09, 55 und 69 wurden Anfang der 1960er-Jahre im AW München-Freimann grundlegend aufgearbeitet. Äußerlich waren sie an den gummigefassten Stirnfenstern und den festen Stirnlampen zu erkennen. Als Baureihe 175 schieden die letzten Exemplare im gleichen Zeitraum wie die Loks der Baureihen 152 und die 191 aus. Einige von ihnen wurden ebenfalls als Heizlokomotiven weiter verwendet.
Zum 150-jährigen Jubiläum der deutschen Eisenbahnen im Jahr 1985 ließ die DB ihre Museumslok E 75 09 in der grauen Lackierung der DRG aufarbeiten und zeigte sie bei Fahrzeugparaden und auf Ausstellungen. Beim Brand des Museumsschuppens in Nürnberg im Oktober 2005 wurde die Lok leider stark beschädigt. Sie soll

▲ E 91 99 ist die Museumslok der Deutschen Bundesbahn. Sie gehört zu den später gebauten Maschinen und unterscheidet sich durch die Reichsbahn-Einheits-Front von den früher gebauten Loks. Am 8. Oktober 1999 bereichert sie eine Fahrzeugausstellung im Bahnhof Gammertingen.

eventuell von Siemens wieder aufgearbeitet werden. Mehrere E 75 wurden als Reparationsleistung 1946 in die UdSSR überführt und kamen 1952 wieder zurück. Wie die E 91 wurden auch sie nicht mehr aufgebaut, sondern ausgemustert und verschrottet.

Nicht nur bei Mehrzweck- und Güterzugsloks kam der Stangenantrieb zum Einsatz, auch bei Schnellzuglokomotiven griff man zunächst auf diese Antriebsform zurück.

Während es bei Güterzügen auf hohe Zugkräfte ankommt und weniger auf hohe Geschwindigkeiten, müssen die meist leichteren Personenzüge möglichst schnell an ihr Ziel gebracht werden. Ähnlich wie bei der Dampflok ließen sich hohe Geschwindigkeiten vor allem mit Antriebsrädern mit einem großen Durchmesser erreichen.

In Mitteldeutschland standen bei der Gründung der Reichseisenbahnen nur die Lokomotiven ES 9 bis ES 19, die spätere Baureihe E 01, zur Verfügung. Sie konnte jedoch die an sie gestellten Anforderungen nicht mehr bewältigen und mussten durch stärkere Maschinen ersetzt werden. Die 1922 bestellten fünf Lokomotiven bekamen wieder einen großen Rundmotor, der sein Drehmoment über zwei schräge Stangen auf die beiden Blindwellen übertrug. Von dort ging es über waagerechte Stangen zu den drei Kuppelradsätzen. Der große Kessel für die Dampfheizung und die elektrischen Hilfseinrichtungen machten an beiden Enden je ein Drehgestell mit zwei Laufradsätzen notwendig. Die Lokomotiven wurden als ES 51 bis 55 1924 beim Bw Leipzig West in Dienst gestellt. Später wurden sie als E 06 01 bis 05 bezeichnet. Weil auf den mitteldeutschen Strecken weiterhin ein Bedarf an Schnellzuglokomotiven bestand, folgten 1926 die ES 56 und ES 57 (E 06 56 und 57). Sie kamen ebenfalls zum Bw Leipzig. Die letzten Schnellzuglokomotiven mit großem Rundmotor und Stangenantrieb waren die von der DRG nachbestellten und 1928 gelieferten E 06 08 bis 12. Sie hatten

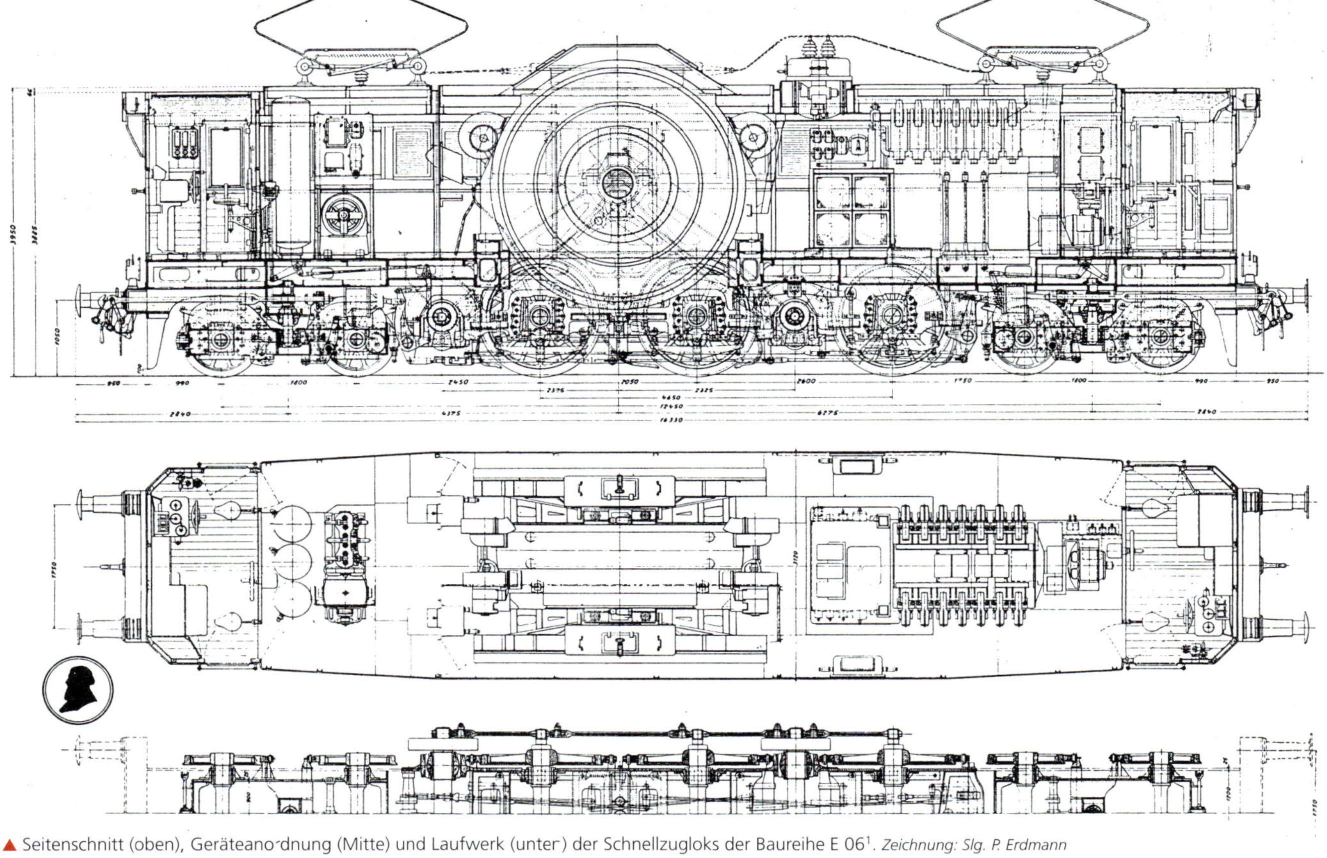

▲ Seitenschnitt (oben), Geräteano-dnung (Mitte) und Laufwerk (unter) der Schnellzugloks der Baureihe E 06[1]. *Zeichnung: Slg. P. Erdmann*

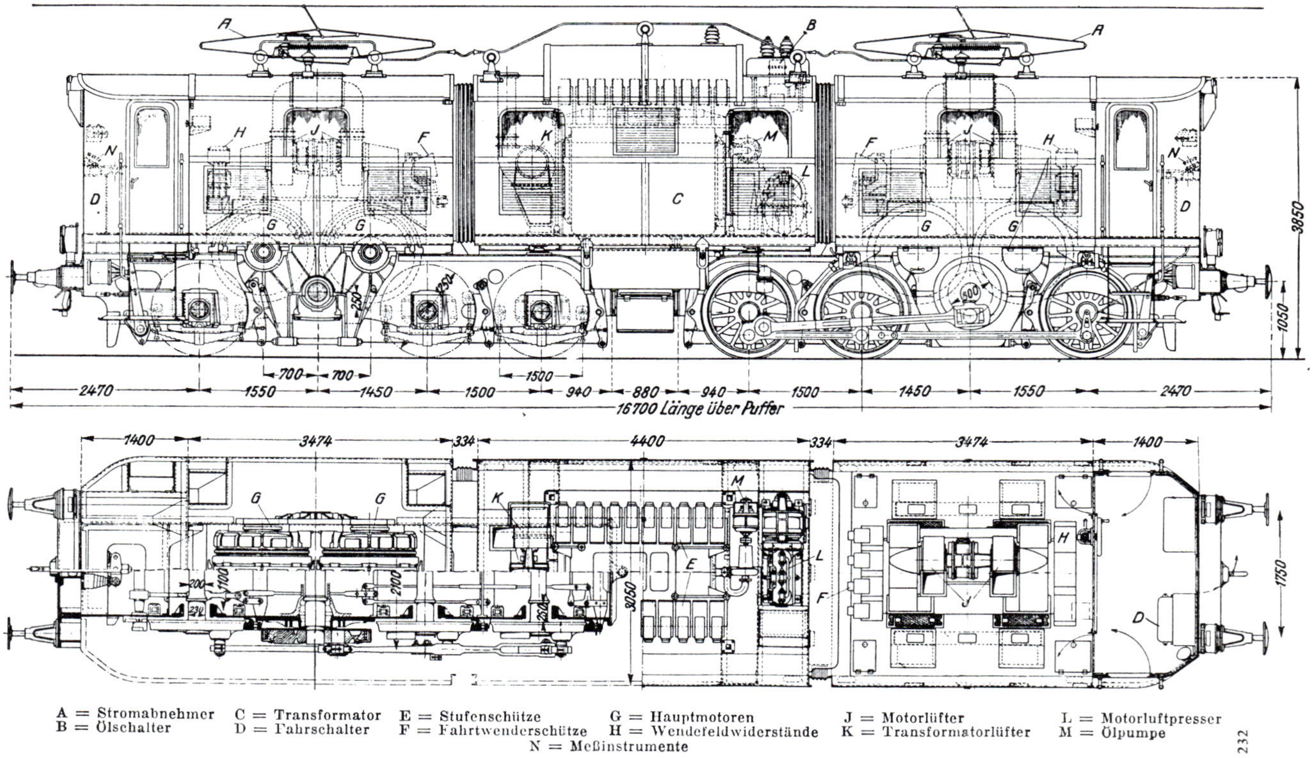

▲ Seitenschnitt (oben), Geräteanordnung (unten) der dreiteiligen Güterzugloks der Baureihe E 91.
Zeichnung: Glasers Annalen, Jahrgang 1924: Rückblick auf die Eisenbahntechnische Tagung mit Ausstellungen in Seddin und in der Technischen Hochschule Charlottenburg, 15.12.1924, S. 303-319; Slg. P. Erdmann

einen symmetrischen Lokkasten mit der typischen Lüfteranordnung und den Stirnfenstern der Reichsbahn-Elloks.
Schon zu Beginn der 1930er-Jahre wanderten die E 06 in den Personen- und Güterzugdienst ab, die Schnellzüge wurden nun von den Loks der Baureihe E 04 und E 17 gezogen.
Nach dem Zweiten Weltkrieg blieben alle Maschinen in Ostdeutschland und wurden in die Sowjetunion überführt. Nach ihrer Rückkehr hatte die DR der DDR keine Verwendung mehr für die Loks und musterte sie alle Mitte der 1950er-Jahre aus. Leider blieb von diesen imposanten Schnellzuglokomotiven keine der Nachwelt erhalten.
Mitte der 1920er-Jahre setzte sich mehr und mehr der Einzelachsantrieb durch. Nachdem diese Technik ausgereift war, wurden mit Ausnahme der kleinen Rangier-Elloks der Baureihen E 60 und E 63 keine Elloks mit Stangenantrieb mehr in Dienst gestellt.

Baureihe		E 06	E 32	E 52	E 75	E 77	E 91
Länge über Puffer	mm	15.750[a]/16.330[b]	13.010	17.210	15.380	16.000	16.700[e]/17.300[f]
Treibraddurchmesser	mm	1.600	1.400	1.400	1.400	1.400	1.250
Laufraddurchmesser	mm	1.000	850	850	1.000	1.000	-
Radsatzstand gesamt	mm	12.450	8.950	13.600	11.200	12.100	10.620/12.460
Achsanordnung		2'C2'	1'C1'	2'BB2'	1'BB1'	(1'B)(B1')	C'C'
Gewicht	t	111,6[a]/109,4[b]	84,8	140,0	106,2	113	123,7[e]/116,4[f]
Höchstgeschwindigkeit	km/h	110	75[c]/90[d]	90	70	65	55
Leistung	kW	2.780	1.170	2.200	1.880	1.880	2.200
Anfahrzugkraft	kN	184[a]/181[b]	105[c]/87[d]	196	235	235	294
Erste Indienststellung		1924	1925	1924	1928	1925	1926
Anmerkungen: [a] = E 06 01 bis 05, [b] = E 06 06 bis 07, [c] = E 310, [d] = E321, [e] = bis E 91 94, [f] = ab E 91 95							

Baureihen E 60 und E 63

Die Elektrifizierung der Strecken rund um München in den 1920er-Jahren beschränkte sich nicht nur auf die Fernverbindungen. Fast alle Gleise inklusive mehrerer Güterbahnhöfe und Anschlussgleise wurden mit Fahrdraht überspannt. Damit ergab sich erstmals die Möglichkeit, für Rangier- und Übergabeaufgaben die personalintensiven Dampflokomotiven durch Elektroloks zu ersetzen.
Versuchshalber bestellte die Deutsche Reichsbahn-Gesellschaft (DRG) 1926 zwei kleine Rangierlokomotiven. Damit sollten erste Erfahrungen gesammelt werden. Eine Forderung bestand darin, möglichst viele Teile aus der laufenden Produktion der Baureihe E 52 und E 91 zu verwenden, um die Kosten für die Entwicklung und die spätere Unterhaltung der beiden Einzelgänger so gering wie möglich zu halten.
Es entstand eine kurze vierachsige Ellok mit einer Antriebsgruppe der E 91 mit zwei Fahrmotoren, dem Winterthur-Schrägstangenantrieb und drei gekuppelten Radsätzen. Das Führerhaus wurde an einem Ende platziert und der kurze Vorbau durch einen Laufradsatz unterstützt.
Ein besonderes Merkmal der Loks war der Stromabnehmer. Seine beiden Schleifstücke lagen 1.400 mm weit auseinander. Der

▲ E 63 008 wurden als Nachzügler erst 1940 von AEG geliefert. Sie hat wie die anderen AEG-Maschinen E 63 01 bis 04 die niedrigeren, rechteckigen Vorbauten. Sie wurde nach ihrer Ausmusterung im Jahr 1977 nicht verschrottet, sondern von der DB in den Bestand der Museumsloks übernommen. 2007 kam die als 163 008 bezeichnete Maschine zum Süddeutschen Eisenbahnmuseum in Heilbronn. Dort wurde sie am 2. Juni 2007 den Besuchern des Museums gezeigt.

▼ Mit den 14 Rangierlokomotiven der Baureihe E 60 sollten Ende der 1920er-Jahre die Dampflokomotiven auf den elektrifizierten Anschlussgleisen im Raum München abgelöst werden. Die DB-Museumslok E 60 14 steht in der Ausführung der 1960er-Jahre am 23. Oktober 1988 als Ausstellungsstück in Karlsruhe Hbf.

Abstand war nötig, um elektrische Trennstellen in der Oberleitung bei denen ein isolierendes Zwischenstück eingebaut war auch mit niedriger Geschwindigkeit sicher überfahren zu können.
Noch vor der Lieferung der beiden Maschinen erhöhte die DRG den Auftrag auf sieben Stück. Die als E 60 bezeichneten Rangierloks wurden zwischen Oktober 1927 und Oktober 1928 in Dienst gestellt. Die DRG teilte sie den Betriebswerken München, Rosenheim und Garmisch zu. 1931 orderte die Bahngesellschaft fünf weitere Maschinen und 1932 noch einmal zwei. Somit ergab sich ein Gesamtbestand von 14 Loks. Auch die nachbestellten E 60 wurden den zuvor genannten Betriebswerken zugeteilt.
Mit dem Anschluss Österreichs an Deutschland wurden mehrere Loks auch in Innsbruck und Wörgl heimisch. Zwar verblieben einige von ihnen nach dem Ende des Kriegs in Österreich, sie kamen aber im Rahmen eines Loktauschs wieder nach Deutschland zurück.
Ende der 1950er-Jahre wurden die Loks im Ausbesserungswerk München-Freimann grundlegend aufgearbeitet und dem Rangierdienst besser angepasst. So bekamen sie zusätzliche Fenster in den Führerhäusern und Rangierbühnen an beiden Enden.
Die Loks blieben lange in ihrer bayerischen Heimat und kamen nur in der BD München zum Einsatz. Erst 1964 wurden mit E 60 02 und 03 die ersten Maschinen ins badische Heidelberg umbeheimatet.
Mit Einführung des EDV-gerechten Nummernsystems bei der DB zum 1. Januar 1968 wurde aus der E 60 die Baureihe 160. Ende der 1970er-Jahre endete der Einsatz in Bayern. Die wenigen noch eingesetzten Loks – 160 003, 009 und 012 – waren nach Heidelberg umbeheimatet worden. Hier ging der Einsatz 1983 zu Ende. Drei Exemplare der Baureihe E 60 blieben der Nachwelt erhalten. Die 160 010 gehört der DB und ist heute im Museum

▲ Heidelberg war das letzte Einsatzgebiet der Baureihe 160. Die Loks 003, 009 und 012 waren hier bis 1983 im Einsatz. Am 30. Mai 1982 erledigt 160 003 die anstehenden Rangierarbeiten.

▲ Das AW München-Freimann war lange Zeit für die Instandhaltung von Elloks zuständig. 160 013 wurde am 7. April 1983 aber nicht wieder betriebsfähig gemacht, sondern verschrottet.

in Koblenz zu finden. Die 160 009 wurde von der DME in Darmstadt-Kranichstein übernommen und die 160 012 steht im Auto- und Technikmuseum in Sinsheim.

Auch für die kleinere Schwester, die E 63 wurde der Schrägstangenantrieb mit drei angetriebenen Radsätzen gewählt. Die ab 1935 gelieferten Loks wurden kompakter ausgeführt, sodass sie ohne Laufradsatz auskamen. Allerdings lag ihre Nennleistung mit etwas über 700 kW um ca. 300 kW niedriger als bei der E 60.

1934 ging ein Auftrag über vier Lokomotiven an die AEG, drei weitere lieferten Krauss-Maffei (mechanischer Teil) und BBC (elektrischer Teil). Eine achte Lok wurde 1937 bei AEG nachbestellt. Äußerlich unterschieden sich die beiden Bauserien in der Form der Vorbauten.

Die ersten vier AEG-Lokomotiven wurden in Stuttgart beheimatet, während die anderen vier E 63 nach München kamen. Hauptaufgabengebiet waren die Rangierarbeiten in den jeweiligen Hauptbahnhöfen.

1959 kam die E 63 08 nach Stuttgart. Damit waren alle AEG-Loks in der Schwaben-Metropole beheimatet, die BBC-Loks zogen nach Augsburg um.

Wie die E 60 wurden auch die E 63 zu Beginn der 1960er-Jahre grundlegend modernisiert und mit Rangierbühnen ausgestattet. Im August 1976 wurden mit der 163 003 und 006 die ersten Loks dieser Baureihe abgestellt. Es folgten 1977 die 001, 004, 007 und 008, sodass nur noch 163 002 und 005 im Einsatz standen.

▲ E 63 05 stammt aus der zweiten Bauserie von BBC und unterscheidet sich durch die höheren Vorbauten von den AEG-Maschinen. *Foto: Werkfoto Siemens*

163 002 wurde noch nach Augsburg umbeheimatet, dort aber nicht eingesetzt. Weil das Bw Garmisch durch die Ausmusterung der Baureihe 160 Ersatz benötigte, wurde E 63 02 nach Garmisch geschickt und erledigte bis August 1978 Rangieraufgaben. Sie quittierte im Juli 1979 als letzte E 63 den Dienst.
Die DB ließ die E 63 01 äußerlich aufarbeiten und stellte sie im Bw Stuttgart als Denkmal auf. Ein Privatmann erwarb E 63 02, die heute bei der Firma Friedrich in Kriegenbrunn ebenfalls als Denkmal zu finden ist. Die E 63 05 befindet sich im Bahnpark Augsburg und die E 63 08 wurde 2007 von Garmisch in das Eisenbahnmuseum in Heilbronn überführt, wo sie äußerlich wieder aufgearbeitet wird.

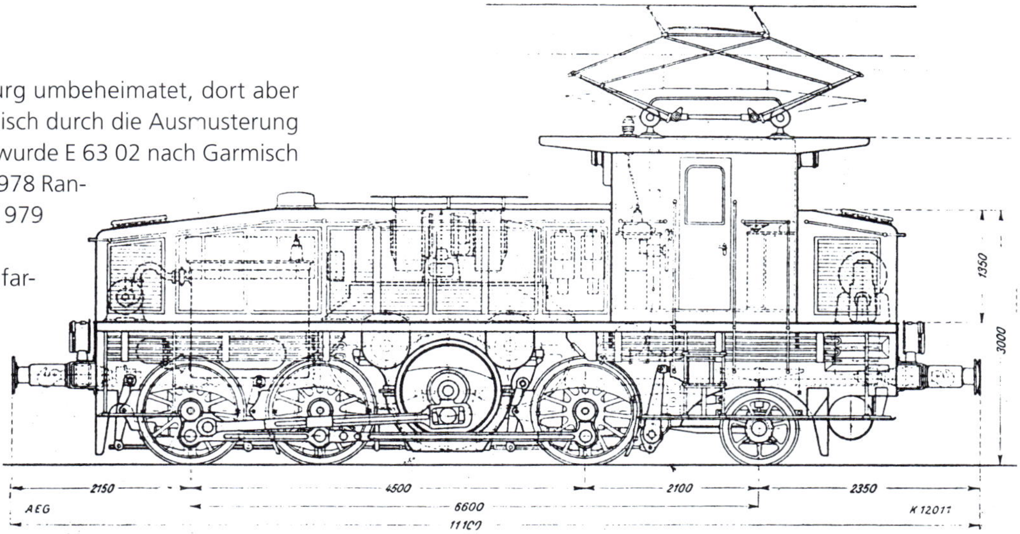

▲ Seitenansicht der Baureihe E 60. Bemerkenswert ist der Stromabnehmer mit den weit auseinander liegenden Schleifstücken. Sie waren nötig um Trennstellen der Oberleitung auch bei niedriger Geschwindigkeit sicher überbrücken zu können.
Zeichnung: 1928, Beitrag von W. Kopp: Rangierlokomotive, Achsfolge 1'C der Deutschen Reichsbahn S. 309 ff.; Slg. P. Erdmann

Baureihe		E 60	E 63
Länge über Puffer	mm	11.100	10.200
Treibraddurchmesser	mm	1.250	1.250
Laufraddurchmesser	mm	850	-
Radsatzstand gesamt	mm	6.600	4.500
Achsanordnung		1'C	C
Gewicht	t	72,5	53,1[a]/51,4[b]
Höchstgeschwindigkeit	km/h	55	40[a]/50[b]
Leistung	kW	1.074	725[a]/710[b]
Anfahrzugkraft	kN	150	167[a]/118[b]
Erste Indienststellung		1927	1935
Anmerkung: [a] = E 63 01 bis 04, 08, [b] = E 63 05 bis 07			

Baureihen E 04, E 17, E 18 und E 19

Noch während der Beschaffung von Elloks mit Stangenantrieb zeigte sich, dass die großen langsam laufenden Motoren und die sich bewegenden Massen vor allem für Schnellzuglokomotiven nicht besonders geeignet waren. Als Alternative bot sich der Einzelachsantrieb mit kleinen, schnelllaufenden Motoren an, die ihr Drehmoment über Vorgelege auf die Radsätze übertragen.

Anfang der 1920er-Jahre war Bayern der Vorreiter auf diesem Gebiet und bestellte zehn Lokomotiven der Bauserie ES 1. Die Schnellzuglokomotive hatte vier einzeln angetriebene Radsätze und zwei Vorlaufradsätze (siehe Kasten Seite 39).

Um den Einzelachsantrieb zu erproben, beschaffte die DRG insgesamt fünf Lokomotiven mit unterschiedlichen Antriebskonzepten, die alle in der zweiten Hälfte der 1920er-Jahre geliefert wurden. Die zunächst als E 18 01 bezeichnete E 15 101 hatte die Radsatzfolge (1'Bo)(Bo1') und einen Tatzantrieb mit beiderseitigem Vorgelege. Die E 16 101 (Radsatzfolge 1'Do1') hatte ebenfalls den Tatzantrieb, aber in abweichender Form. Die E 21 01 und E 21 02 (Radsatzfolge 2'Do1') waren mit dem Federtopfantrieb ausgestattet und E 21 51 mit der Radsatzfolge 2'Do1' hatte einen Antrieb mit Gelenkarmen und Hohlwellen.

Bei den ausgiebigen Tests bewährte sich der von AEG aus dem Westinghouse-Antrieb weiterentwickelte Kleinow-Federtopfantrieb am besten, sodass er als Grundlage der hier vorgestellten Baureihen diente. Darüber hinaus musste die beste Variante der Aufhängung der Vorlaufradsätze gefunden werden, denn es sollten ja Geschwindigkeiten von weit über 100 km/h gefahren

▲ Die Schnellzugloks der Baureihe E 04 mit drei angetriebenen Radsätzen wurden in den 1930er-Jahren für die E 17 in Mitteldeutschland beschafft. Später wurden die Maschinen auf Flachlandstrecken in der Mitte und im Norden Deutschlands eingesetzt. Die Museumslok E 04 20 zieht im Rahmen der 150-Jahr-Feier der Deutschen Eisenbahnen 1985 den »Orient-Express«. *Foto: Claus-Jürgen Jacobson*

▲ Wie die meisten E 04 verblieb E 04 11 nach dem Zweiten Weltkrieg bei der Deutschen Reichsbahn der DDR. Dort bekam sie einen Anstrich mit rotem Fahrgestell und die UIC-gerechte Nummer 204 011. Als Museumslok steht sie am 24. Mai 2008 in Weimar. *Foto: Sven Bürgel*

werden. Hier erwies sich die Bauart »Krauss-Helmholtz« als am besten geeignet.
Nach dem Ende der Versuche bestellte die DRG 1927 zunächst 33 Elektrolokomotiven für den mittelschweren Schnellzugdienst. Bei der Nummerierung wurde abermals nach bayerischen (E 17 01 bis 13) und mitteldeutschen Loks (E 17 101 bis 112) sowie nach Loks für den schlesischen Raum (E 17 113 bis 120) unterschieden. 1930 folgten die E 17 14 bis E 17 18, die wie die anderen bayerischen Maschinen zum Bw München Hbf kamen. E 17 101 bis 106 und 112 wurden an das Bw Leipzig-West geliefert, während E 17 107 bis 111 wieder nach München gingen. Erst im Dezember 1929 gab das Bw München sie nach Leipzig ab. Die mitteldeutschen Loks wurden 1933 nach Stuttgart und Ulm abgegeben und durch Maschinen der Baureihe E 04 ersetzt. Von den für Schlesien vorgesehenen Fahrzeugen kam E 17 120 zunächst nach München.
E 17 15 bis 18 wurden zwischen 1931 und 1935 nach Schlesien umgesetzt und erhielten dort die neuen Nummern E 17 123, 124, 121 und 122. Kurz vor dem Ende des Zweiten Weltkriegs wurden die meisten E 17 nach Westen abgefahren, nur E 17 117 und 119 blieben wegen Kriegsschäden dort. E 17 123 und 124 kamen zusammen mit den im RAW Dessau weilenden E 17 10 und 101 in die sowjetisch besetzte Zone. Die beiden Loks aus Dessau wurden ausgemustert, die beiden anderen wieder aufgearbeitet und 1958 bzw. 1959 wieder in Betrieb genommen. Dabei tauschten

▲ Die Loks der Baureihe E 17 sind die ersten Serienmaschinen mit Federtopfantrieb und bilden die Grundlage für die Baureihen E 04, E 18 und E 19. Die DB-Museumslok E 17 103 wurde 1985 auf der großen Fahrzeugausstellung in Bochum-Dahlhausen gezeigt. *Foto: Claus-Jürgen Jacobson*

sie allerdings ihre Loknummern. Doch bereits am 23. Januar 1968 stellte die DR der DDR die beiden E 17 außer Dienst und ließ sie verschrotten.

Ein Teil der bei der DB verbliebenen Loks wurde 1960/61 modernisiert und für den weiteren Einsatz vorbereitet. Im Sommer 1971 waren die 26 Lokomotiven in Augsburg beheimatet und im Eil- und Personenzugdienst auf den Strecken nach München, Nürnberg und Ulm zu finden. Mitte der 1970er-Jahre begann die Ausmusterung. Als letzte wurde 117 106 am 24. April 1980 außer Dienst gestellt. Nur die E 17 113 blieb erhalten. Sie gehört der DGEG und ist im Museum in Neustadt an der Weinstraße zu besichtigen.

Für den elektrischen Betrieb auf den Strecken Stuttgart – Augsburg und Stuttgart – Karlsruhe benötigte die DRG in den 1930er-Jahren weitere Elloks. Man wollte auf die bewährte E 17 zurückgreifen, denn inzwischen hatten Untersuchungen ergeben, dass die E 17 auf den mitteldeutschen Flachlandstrecken nicht ausgelastet war und mit ihren Leistungsreserven auf den bergigeren Strecken Süddeutschlands besser ausgenutzt werden konnten. Als Ersatz für die mitteldeutschen Einsatzgebiete orderte die DRG bei der AEG 10 Exemplare einer Maschine mit nur drei angetriebenen Radsätzen. Im Dezember 1932 wurden die E 04 01 und E 04 02 in Dienst gestellt, denen 1933 die E 04 03 bis E 04 10 folgten. Als Nachfolger der aus Leipzig abgezogenen E 17 dienten E 04 01 bis 08. Nur E 04 09 und 10 wurden in München beheimatet.

Die erste Serie der Baureihe E 04 war noch für 110 km/h zugelassen. Bei Testfahrten erreichte die E 04 09 am 28. Juni 1933 eine Geschwindigkeit von 151,5 km/h. Anschließend erhöhte man die Höchstgeschwindigkeit der E 04 09 und E 04 10 auf 130 km/h. Diese Geschwindigkeit setzte die DRG auch für die in den Jahren 1934 und 1936 ausgelieferten Maschinen fest. Die zuletzt gelieferte E 04 23 wurde 1939 für den Wendezugbetrieb ausgerüstet und bis 1945 auf den Münchener Vorortbahnen erprobt.

▲ Die Loks der Baureihe E 17 konnten sich mit ihren vier angetriebenen Radsätzen länger auf den bergigen Strecken Süddeutschlands behaupten als die E 04. E 17 111 hat 1968 mit einem Eilzug die schwäbische Metropole Stuttgart erreicht. *Foto: Jürgen Krantz*

Nach dem Zweiten Weltkrieg verblieben 17 Exemplare der Baureihe E 04 auf dem Gebiet der Sowjetischen Besatzungszone, davon waren zehn beschädigt. Schließlich musste die DR als Reparationsleistung E 04 01 bis E 04 16 sowie E 04 23 an die Besatzungsmacht abgeben. Allerdings waren E 04 04 und E 04 13 so schwer beschädigt, dass man sie bereits ausgemustert hatte und nur Teile in die UdSSR geschickt wurden. Nachdem die Mehrzahl der Loks 1952 wieder in die DDR zurückgekehrt war, ließ die DR bis 1957 zwölf Exemplare instandsetzen. Sie waren hauptsächlich im Reisezugdienst zwischen Halle und Magdeburg anzutreffen. Später rollten sie auf nahezu allen elektrifizierten Strecken in der DDR. Mit Einführung EDV-gerechter Nummern im Jahr 1970 erhielten die Loks die Baureihenbezeichnung 204, bevor Mitte der 1970er-Jahre die Ausmusterung begann. Im Rahmen der Planwirtschaft wurden die Loks aber nicht verschrottet, sondern als Transformator-Stationen weiter verwendet.
Bei der DB verblieben nach Kriegswende die E 04 17 bis 22. Sie waren zunächst in Nürnberg, später in München beheimatet. Zum Sommerfahrplan 1968 setzte die DB die nun als Baureihe 104 bezeichneten Maschinen nach Osnabrück um. Im Jahr 1977 begann mit der 104 020 die Ausmusterung der Baureihe, 1982 verabschiedete sich mit 104 018 die letzte Maschine dieser Baureihe von den Gleisen der DB.

Aber nicht alle Loks wurden verschrottet. Die DR ließ E 04 01 aufarbeiten, die DB übernahm E 04 20 in den Bestand ihrer Museumsloks. E 04 07 wird von den Eisenbahnfreunden in Staßfurt betreut, E 04 11 ist heute in Weimar beheimatet.
Bereits während der Lieferung der Baureihe E 04 stellte die DRG fest, dass eine Höchstgeschwindigkeit von 130 km/h im schweren Schnellzugdienst nicht mehr ausreichte. 1933 erhielt die AEG von der DRG den Auftrag zur Entwicklung einer Elektrolok für den schweren Schnellzugdienst mit einer Höchstgeschwindigkeit mehr als 130 km/h. Sie sollte fahrzeugtechnisch auf der E 17 und elektrisch auf der E 04 aufbauen. 1935 begann die Auslieferung der Baureihe E 18. Ursprünglich waren 92 Lokomotiven geplant, doch die Auslieferung endete wegen des Kriegsbeginns schon 1940 mit der E 18 053.
Auffälligster Unterschied zu den Vorgängern waren die fehlenden Vorbauten. Um dem Personal eine bessere Streckensicht zu ermöglichen, hatte man die Führerstände ganz an den Enden platziert. Die aerodynamisch runde Kopfform und Frontschürzen unter den Puffern verliehen den Loks ein elegantes Aussehen.
Ursprünglich war die Baureihe E 18 für den Fernverkehr von München nach Berlin vorgesehen. Die Lokomotiven wurden in München, Nürnberg und Leipzig beheimatet sowie in Stuttgart, Augsburg und

▼ Die vier Loks der Baureihe E 19 hoben sich durch ihren roten Anstrich deutlich von den restlichen Elloks der Reichsbahn ab. Mit einer Höchstgeschwindigkeit von 180 km/h waren sie damals die schnellsten Elloks Deutschlands. Am 28. Juni 1986 wurde die als Museumslok aufgearbeitete E 19 01 auf einer Ausstellung in Ettlingen gezeigt.

▲ 1972 hatte 118 027 noch einen grünen Lokkasten. Mit einem Eilzug wartet sie in München Hbf auf die Ausfahrt. *Foto: Otto Blaschke*

▲ Mit den eleganten Schnellzuglokomotiven der Baureihen E 18 und E 19 erreichte die Deutsche Reichsbahn vor dem Zweiten Weltkrieg den Höhepunkt bei der Entwicklung elektrischer Lokomotiven mit Federtopfantrieb. E 18 047 wird von der DB als Mueumslok erhalten und konnte am 31. Mai 2008 beim Tag der offenen Tür des Werks München-Pasing besichtigt werden.

Hirschberg in Schlesien. Später folgten immer wieder Umbeheimatungen, sodass die Loks zeitweise auch in den Betriebswerken Saalfeld und Regensburg zu Hause waren.

Ab November 1942 war die gesamten Strecke zwischen München und Leipzig durchgehend elektrifiziert. Für den Einsatz auf dieser Relation tauschte die DR süddeutsche E 04 mit den stärkeren E 18 aus Mitteldeutschland. Gegen Ende des Kriegs verbrachte man auch die schlesischen E 18 nach Süddeutschland.

Acht Lokomotiven mussten als Kriegverluste abgeschrieben werden. Nach dem Krieg blieben acht Lokomotiven im sowjetisch besetzten Teil Deutschlands, zwei weitere in Österreich und der Rest in Westdeutschland.

Wie viele andere Elloks wurden die E 18 der DR in die Sowjetunion gebracht und kehrten in desolatem Zustand Anfang der 1950er-Jahre nach Deutschland zurück. Fünf E 18 wurden im Tausch gegen Dampfloks und Dampflok-Ersatzteile an die DB abgeben. Die DR baute E 18 19, 31 und 40 unter Verwendung der Ersatzteilspender E 18 04 und 23 wieder auf. Dabei kam es zu einem Nummerntausch zwischen E 18 40 und 43.

Ende der 1960er-Jahre veranlasste die Versuchs- und Entwicklungsstelle Maschinenwirtschaft in Halle (VES-M Halle) einen Getriebeumbau. Die nun 180 km/h schnellen Loks wurden eingesetzt, um in der DDR neu entwickelte Schienenfahrzeuge zu testen. Während

▲ 118 028 war die erste E 18 im beige/ozeanblauen Anstrich, der das Aussehen der Loks doch stark veränderte. Später folgten noch 118 013 und 049, sodass es insgesamt drei 118 in dieser Lackierung gab. Am 7. August 1981 erreicht 118 028 den Hauptbahnhof von Regensburg.

die E 18 40 schon 1972 abgestellt wurde, blieb die E 18 31 (ab 1970: 218 031) bis 1988 im Bestand. Die 218 019 schied erst 1992 aus dem Betriebspark aus. Beide Maschinen blieben bis heute als Museumsloks erhalten: E 18 19 gehört einem privaten Eigentümer und steht bei der IG 58 3047 im ehemaligen Bw Glauchau; E 18 31 ist im Besitz des Verkehrsmuseums Dresden und ist in Halle P. beheimatet

Zusätzlich zu den 39 Lokomotiven, die nach dem Krieg in Westdeutschland verblieben, lies die DB 1955 noch die E 18 054 und 055 bauen, sodass sich ihr Bestand zusammen mit den Tauschloks aus Ostdeutschland auf 41 Maschinen erhöhte. Sie waren zeitlebens in Bayern und Stuttgart beheimatet und wurden im hochwertigen Schnellzugdienst eingesetzt. Mitte der 1970er-Jahre zog die DB alle Loks in Würzburg zusammen und musterte sie nach und nach aus. Im Juli 1984 wurden die Loks mit einem großen Fest verabschiedet.

Die blaue E 18 03 kann heute im DB Museum in Koblenz-Lützel bestaunt werden. E 18 08 hat eine grüngraue DRG-Lackierung und steht im Bahnpark Augsburg. E 18 24 ist grün lackiert und wird vom Thüringer Eisenbahnverein e.V. in Weimar betreut. Die betriebsfähige E 18 047 ist in Halle beheimatet und immer wieder vor Sonderzügen und auf Ausstellungen anzutreffen.

Die österreichischen Bundesbahnen BBÖ bestellten 1937 acht nahezu baugleiche Lokomotiven. Für den Betrieb auf den steigungsreichen Strecken Österreichs wurde die deutsche E 18 geringfügig verändert: Man baute verstärkte Transformatoren und die stärkeren Fahrmotoren der E 19 ein. Außerdem erhielten die Maschinen ein kürzer übersetztes Getriebe, das die Höchstgeschwindigkeit auf 130 km/h begrenzte, aber die Anfahrzugkraft und die Dauerleistung deutlich erhöhte. Die als Reihe 1018 bezeichneten Maschinen waren damit die stärksten Fahrzeuge ihrer Bauart. Die BBÖ-Lokomotiven wurden nach dem sogenannten Anschluss Österreichs an das Deutsche Reich im März 1938 schließlich im Jahr 1939 an die DRG ausgeliefert, die sie als E 18 201 bis 208 in ihren Bestand einreihte. Zusammen mit der E 18 42 und der E 18 046 waren also zehn E 18 in Österreich.

Nach dem Ende des Zweiten Weltkriegs bezeichneten die österreichischen Bundesbahnen ÖBB die acht Lokomotiven wieder als Reihe 1018. Die E 18 42 wurde zur 1118.01 und die E 18 046 zur 1018.101. Bei den ÖBB durchliefen die 1018 eine Reihe von Umbauten, so bekamen sie zwei gummigefasste Windschutzscheiben und neue Stirnlampen. Ihr Einsatz endete in den 1990er-Jahren.

Bei der Reichbahn war mit der E 18 die Entwicklung der elektrischen Schnellzuglokomotiven noch nicht abgeschlossen. Für die Strecke Berlin – München und weiter nach Rom war als stärkere und schnellere Lokbaureihe die E 19 vorgesehen. Äußerlich unterschied sie sich kaum von den E 18, nur der rote Anstrich deutete darauf hin, dass die Loks mit einer Höchstgeschwindigkeit von 180 km/h besonders schnell waren.

1940 lieferten AEG und Henschel/SSW je zwei Probelokomotiven, die sich von außen an den Dachaufbauten unterschieden. Der Kriegsverlauf vereitelte aber die hochtrabenden Pläne, der Schnellverkehr musste eingestellt werden.

Nach dem Krieg blieben alle vier Loks bei der DB, die sie zusammen mit den E 18 einsetzte. Statt des roten Anstrichs erhielten die Lokkästen der vier Schnellfahrloks eine Lackierung im klassischen Blau oder Grün der DB. 1968 bekamen die vier Loks die Bezeichnung 119. Sie wurden alle nach Hagen unbeheimatet, wo sie aber beim Personal nicht besonders beliebt waren. Ende 1970 kamen sie zurück nach Nürnberg, wo sie in der zweiten Hälfte der 1970er-Jahre ausgemustert wurden.

Als Vertreterin der AEG-Maschinen blieb die nun wieder rot lackierte E 19 01 erhalten. Sie steht im Deutschen Technik-Museum Berlin. Die ebenfalls rote E 19 12 gehört zu den Henschel/SSW-Loks. Sie steht im Verkehrsmuseum Nürnberg

▲ Veteranentreffen in Nürnberg Hbf am 3. Juni 1982. Während für das Laufwerk E 18 noch im Rahmen gelagerte Antriebsradsätze und Laufradsätze verwendet den, weist die E 44 die modernere Konstruktion einer laufachslosen Drehgestelllok

▼ Die vier Antriebsradsätze der E 18 sind in zwei Gruppen mit je zwei Radsätzen zusammen gefasst. Links ist der Schaltmagnet der Zugsicherungseinrichtung zu erkennen.

Eine Idee aus der Schweiz: Baureihe E 16

Mit der Anfang der 1920er-Jahre von Bayern bestellten Schnellzuglokbaureihe ES 1 präsentierte die DRG eine Neuerung beim Antrieb ihrer Lokomotiven. Während man bisher auf den Stangenantrieb gesetzt hatte, lieferten Krauss und BBC einen Entwurf mit Buchli-Einzelachsantrieb.
Der nach seinem Erfinder, dem Schweizer Ingenieur Jakob Buchli (1876–1945) benannte Antrieb für Elektrolokomotiven ist gefedert und im Lokrahmen aufgehängt. Jeder Radsatz wird dabei von einem eigenen Motor angetrieben, wobei das Gewicht der Fahrmotoren von den Rädern entkoppelt ist. Das Großrad, das auf der Motorwelle sitzt, ist fest im Lokomotivkasten gelagert. Die Verbindung zum ungefederten Radsatz wird über zwei Kuppelstangen und zwei Zahnradsegmente hergestellt. Durch die gelenkige Mechanik kann sich der Treibradsatz gegen das Großrad senkrecht bewegen.
Der Antrieb wurde meistens als einseitiger Einzelachsantrieb mit Innenrahmen ausgeführt, sodass sich typisch asymmetrische Erscheinungsbild der Loks mit Buchli-Antrieb ergab: Auf der einen Seite waren die Radsterne der Treibräder sichtbar, auf der anderen Seite waren sie fast vollständig von den Radschutzkästen der Großräder abgedeckt.

▲ Die in Bayern als E 1 und später von der DRG als E 16 bezeichneten Schnellzugsloks sind mit ihrem einseitigen Buchli-Antrieb einzigartig in Deutschland. Diese Antriebsform stammt aus der Schweiz, wo sie bei vielen Baureihen zu finden war. Die Aufnahme zeigt die 116 009 im Jahr 1985 auf der großen Fahrzeugausstellung in Bochum-Dahlhausen. *Foto: Claus-Jürgen Jacobson*

Die im März 1923 und April 1924 als ES 1, Nummer 21001 bis 21010 bestellten Loks wurden 1927 von der DRG übernommen und als E 16 in München beheimatet. Sie waren nicht wie die anderen Reichsbahnloks grün, sondern rotbraun lackiert. 1928/29 ging eine zweite, sieben Loks umfassende Serie ebenfalls in München in Betrieb. Die letzten vier E 16 nahmen als E 16 18 bis E 16 21 in den Jahren 1932 und 1933 ihren Dienst auf. Sie unterscheiden sich von den Vorgängern durch eine höhere Motorleistung und wurden als E 16^{1} eingereiht.
Das Haupteinsatzgebiet der E 16 war die Bespannung von Schnellzügen nach Stuttgart und Salzburg. Diese Aufgabe teilten sie sich mit der Baureihe E 17. Die Auslieferung der E 17 war der Grund für erste Umbeheimatungen. Die E 16 wurden nun auch in Garmisch, Freilassing und Rosenheim stationiert. Mit der Auslieferung der E 18 wanderte die E 16 in untergeordnete Dienste ab, wo sie vor allem die E 52 aus dem Personenzugdienst verdrängte.
E 16 11 und E 16 13 gingen im Krieg verloren, die anderen sechs kriegsbeschädigten Loks wurden wieder aufgearbeitet. Diese 19 Maschinen waren in den 1950er- und 1960er-Jahren eine wichtige Stütze im Schnellzugverkehr. Wegen der fortschreitenden Elektrifizierung brauchte die DB jede Maschine.
Erst 1967 wurde mit der E 16 12 nach einem Unfall wieder eine Lok dieser Baureihe ausgemustert. 18 E 16 bekamen am 1. Januar 1968 die neue Baureihenummer 116. In den 1970er-Jahren hatten sie das Ende ihrer Nutzungszeit erreicht und wurden nach Schäden oder Unfällen abgestellt. Am 31. Januar 1980 musterte die DB mit 116 009 die letzte Lokomotive der Baureihe 116 aus.
116 020 wurden im Winter 1975/76 in Mainz als Heizlok eingesetzt. 116 003 kam nach Aachen, wo sie der dortigen Universität bis 1990 als Stromversorger diente. Sie steht heute im DB Museum in Koblenz-Lützel. Außerdem steht die E 16 07 in der Lokwelt Freilassing, die E 16 08 im Eisenbahnmuseum Darmstadt-Kranichstein und die E 16 09 im Bahnpark Augsburg.

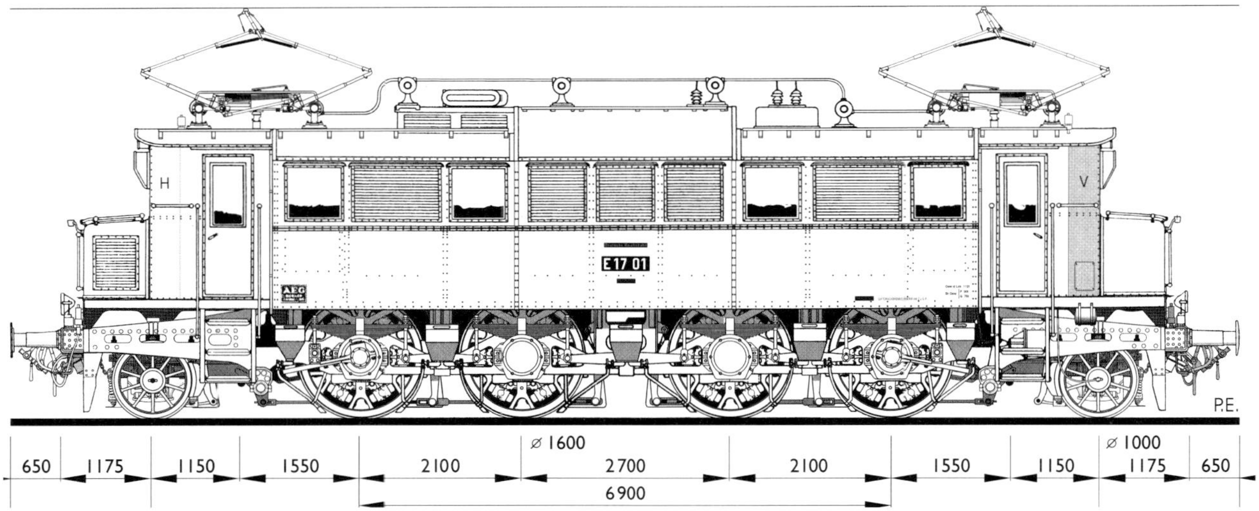

▲ Seitensicht der Schnellzuglok Baureihe E 17. Sie ist der direkte Vorgänger der Baureihe E 18 und lehnt sich mit den kurzen Vorbauten noch an die klassische Kastenaufteilung der Reichsbahn-Elloks an. *Zeichnung: Peter Erdmann*

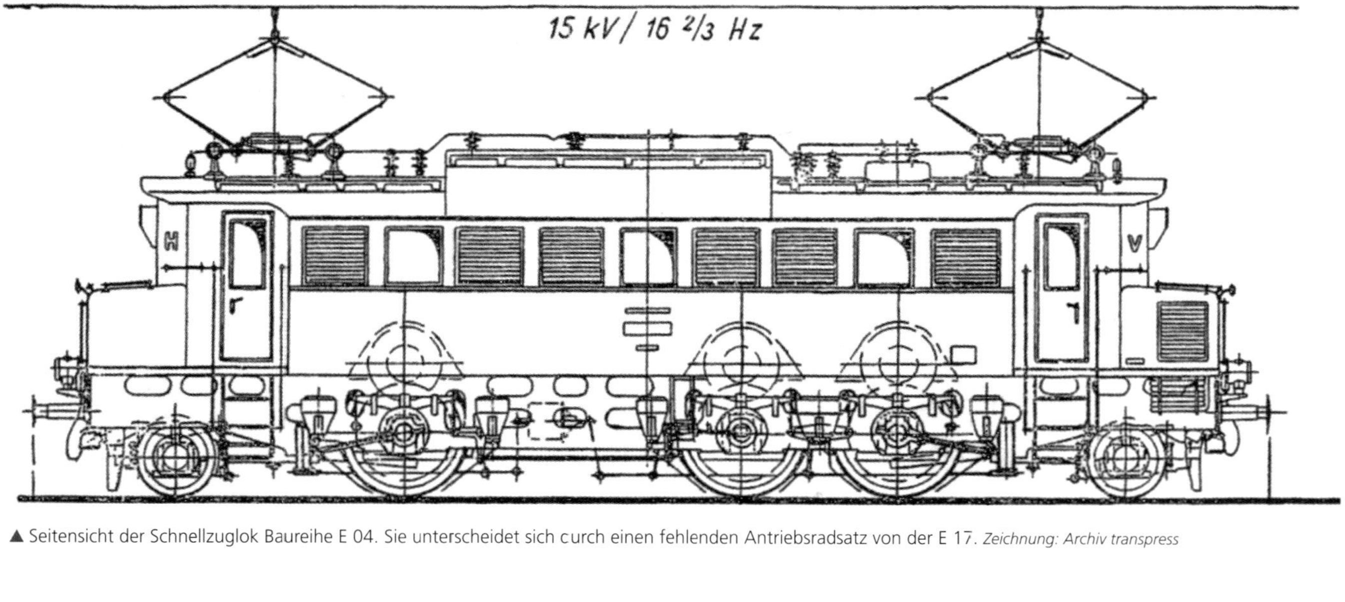

▲ Seitensicht der Schnellzuglok Baureihe E 04. Sie unterscheidet sich curch einen fehlenden Antriebsradsatz von der E 17. *Zeichnung: Archiv transpress*

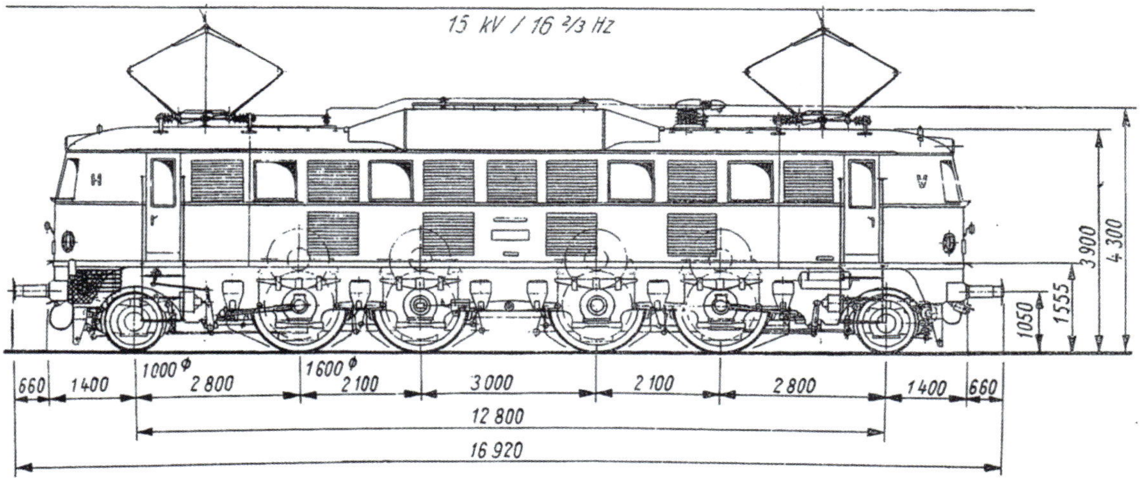

▲ Seitensicht der Schnellzuglok Baureihe E 18. Vier Motoren treiben die vier im Rahmen gelagerten Radsätze an. *Zeichnung: Archiv transpress*

Baureihe		E 04	E 17	E 18	E 19
Länge über Puffer	mm	15.120	15.950	16.920	16.920
Treibraddurchmesser	mm	1.600	1.600	1.600	1.600
Laufraddurchmesser	mm	1.000	1.000	1.000	1.100
Radsatzstand gesamt	mm	11.600	12.300	12.800	12.800
Achsanordnung		1'Co1'	1'Do1'	1'Do1'	1'Do1'
Gewicht	t	92	111,7	108,5	113[c]/110,7[d]
Höchstgeschwindigkeit	km/h	110[a]/130[b]	120	150	180
Leistung	kW	2.190	2.800	3.040	4.000[c]/4.080[d]
Anfahrzugkraft	kN	177[a]/152[b]	235	206	220[c]/208[d]
Erste Indienststellung		1932	1928	1935	1940

Anmerkung: [a] = E 04 01 bis 08, [b] = E 04 09 bis 23, [c] = E 19 01 bis 02, [d] = E 19 11 bis 12

Baureihen E 44, E 93 und E 94

Während der AEG-Federtopfantrieb bei den Schnellzuglokomotiven den Stangenantrieb abgelöste, setzte man bei den Personen- und Güterzuglokomotiven auf den wartungsarmen Tatzlagerantrieb, der bis heute in Lokomotiven und Straßenbahnen eingebaut wird. Dieser Einzelachsantrieb kam schon bei der ab 1906 beschafften zweiachsigen Loks der Baureihe E 69 zum Einsatz und war auch in den vierachsigen Drehgestell-Loks der Baureihe E 73 zu finden. Auch die Anordnung der Radsätze wurde bei den neuen Loks geändert. Der durchgehende Rahmen bzw. der Knickrahmen wurde durch eine Konstruktion ersetzt, bei der der Rahmen samt Lokkasten auf zwei Drehgestellen aufliegt.

Ende der 1920er-Jahre war die wirtschaftliche Lage in Deutschland alles andere als golden, sodass die Deutsche Reichsbahn-Gesellschaft (DRG) nur wenig Geld für die Erprobung neuer Lokomotiven oder Komponenten ausgab. Um den Anschluss an die Entwicklung im Ausland nicht zu verlieren, setzte die Industrie die Erprobungsarbeiten auch auf eigene Kosten fort. Daraus entstanden 1930 drei Versuchsmaschinen für den Personenzugdienst. Die Loks wurden der DRG überlassen, die sie trotz ihrer Unterschiede allesamt in die Baureihe E 44 einordnete. Während die von SSW und der Waggonfabrik in Wismar gefertigte E 44 001 und die von Bergmann Elektricitätswerke und BMAG gebaute E 44 80 (später E 44 2001)

▲ Am 6. November 1982 begegnen sich die beiden DB-Farbvarianten im Betriebswerk Stuttgart. Nur 144 021 und 071 bekamen den Anstrich in Beige/Ozeanblau. Alle anderen Maschinen waren bis zu ihrer Ausmusterung grün.

▲ Bei der Deutschen Reichsbahn der DDR bekamen die Elloks ein rotes Fahrwerk. Damit sollten Rahmenrisse und andere Beschädigungen schneller erkannt werden. Die aufgearbeitete E 44 108 wird am 30. September 2007 den Besuchern des Bw Berlin-Schöneweide gezeigt.

an beiden Enden kurze Vorbauten hatten, verzichteten MSW und BMAG bei der E 44 101 auf die Vorbauten und bauten einen rechtwinkeligen Lokkasten mit Endführerständen.

Die E 44 001 und E 44 101 bewährten sich bei den Untersuchungen. Die störanfällige E 44 2001 konnte dagegen nicht befriedigen, sie blieb deshalb ein Einzelgänger. Ab 1942 wurde sie nur noch im Rangierdienst eingesetzt und 1945 schließlich ausgemustert und verschrottet.

Die E 44 001 wurde zunächst von Magdeburg aus vor planmäßigen Personen- und Güterzügen eingesetzt. Nach etwa einem halben Jahr kam sie zur RBD Breslau. Die E 44 101 beheimatete man von Anfang an in der RBD Breslau. 1931 kamen die Loks nach München und wurden dort weiter erprobt. Die E 44 101 wurde dabei bevorzugt auf der Gebirgsstrecke zwischen Freilassing und Berchtesgaden eingesetzt.

Mit der Elektrifizierung der Strecke Augsburg – Stuttgart wurden die ersten 20 Serien-E 44 bestellt, die auf Basis der E 44 001 entstanden. Die 1933 ausgelieferten Loks kamen nach Garmisch und Stuttgart, nur die E 44 007 wurde in München beheimatet.

Der größte Teil des E 44-Bestands kam nach dem Krieg zur DB. Bis 1955 wurden noch zehn Lokomotiven fertiggestellt bzw. ganz neu gebaut. Als letzte wurden die 1963 bzw. 1965 umgebauten E 244 11 und E 244 12 von der Höllentalbahn (siehe Kasten Seite 47) als E 44 188 und E 44 189 in Dienst gestellt. Insgesamt hatte die DB somit 125 Lokomotiven der Baureihe E 44 in ihrem Bestand.

Um den Wendezugbetrieb zu erproben, rüstete die DB mehrere Maschinen mit einer Wendezugsteuerung aus und kennzeichnete sie mit einem »G« hinter der Nummer. Loks mit elektrischer Widerstandsbremse waren am »W« zu erkennen. Sie wurden u. a. auf der Höllentalbahn im Schwarzwald eingesetzt. 1968 wurden die »normalen« E 44 in 144 umgezeichnet, Loks mit elektrischer Bremse reihte die DB als Baureihe 145 ein. Schließlich zog die DB 1983 im Bw Würzburg die Baureihe 144 zusammen. Dort wurde das letzte Exemplar von ihnen 1984 ausgemustert.

▼ Die 144 189 entstand 1965 durch Umbau aus der im Höllental eingesetzten E 244 22. Nachdem das Stromsystem dort von 50 Hz auf die üblichen 16 2/3 Hz umgestellt worden war, wurden die E 244 nicht mehr benötigt und zwei von ihnen in Loks der Baureihe 144 umgebaut. Bemerkenswert sind die beiden großen Stirnfenster und die modernen Lüftergitter, die von DB-Einheits-Elloks übernommen wurden. Am 17. März 1988 verlässt 144 189 mit einem Nahverkehrszug Karlsruhe-Durlach.

▲ Als Baureihe 145 reihte die DB die E 44 mit elektrischer Widerstandbremse ein. Diese Bremse wurde beim Einsatz auf Gefällestrecken benötigt, um den übermäßigen Verschleiß der Bremsklötze zu verhindern. Am 1. Juni 1982 wird 140 170 im Bereitstellungsdienst zwischen München Hbf und München-Pasing eingesetzt.

Die E 44 101 hatte sich ebenfalls bewährt, sodass acht weitere Loks für den Einsatz im Süden Bayerns geordert wurden. Weil im Jahr 1938 die Anzahl der bestellten E 44er die 100 überschritt, erhielten die Loks die neuen Betriebsnummern E 44 501 bis 509. Alle neun Loks überstanden den Krieg und kamen zur DB. Sie waren zeitlebens in Freilassing zu Hause und fuhren überwiegend auf der Strecke nach Berchtesgaden. E 44 501 wurde schon 1960 ausgemustert. Alle anderen Loks wurden als Baureihe 144^5 zwischen 1977 und 1983 abgestellt. 144 502 und 144 508 blieben als Museumsloks erhalten.
Die Deutsche Reichsbahn der DDR arbeitete bis 1960 insgesamt 46 aus der UdSSR zurückgekehrte E 44 wieder auf und nahm sie in Betrieb. Sie waren in Leipzig, Halle und Magdeburg stationiert. Ab 1970 wurden die Loks als Baureihe 244 geführt. In den 1980er-Jahren kamen sie bis nach Rostock, Schwerin und Wismar. Erst im Sommer 1991 schieden die letzten Loks aus dem Einsatz aus.
Nachdem sich der Tatzlagerantrieb in vierachsigen Loks bewährt hatte, entschied die DRG, auch eine sechsachsige Maschine für den schweren Güterzugdienst zu beschaffen. Die Lokomotiven sollten sich technisch stark an der E 44 001 orientieren, damit die gleichen Komponenten verwendet werden konnten.
Anders als die E 44 hatte die als E 93 bezeichnete Baureihe keinen durchgehenden Rahmen. Die langen Vorbauten waren direkt auf den Drehgestellen montiert, die über eine Kupplung mit einander verbunden waren. Auf den Drehgestellen lag eine kurze Brücke mit dem Aufbau. Alle Radsätze waren angetrieben. Die Loks besaßen sechs Fahrmotoren mit insgesamt 2.500 kW Leistung. Zum Achsdruck von 20 t, der sich aus einer Gesamtmasse von über 117 t ergab, äußerten einige Fachleuten Bedenken. Sie befürchteten einen

überproportional hohen Verschleiß des Gleisoberbaus.
Die Reichsbahn bestellte bei der AEG zunächst für die Strecke München – Augsburg – Stuttgart zwei Maschinen, die 1933 abgeliefert und im Betriebswerk Kornwestheim beheimatet wurden.
Die Loks mussten zwischen Stuttgart und Ulm mit ihren schweren Güterzügen die bekannte Geislinger Steige mit einer Steigung von 22,5 Promille überwinden. Im Betriebsprogramm sollte die E 93 Güterzüge mit einer Gesamtmasse von 720 t und einer Geschwindigkeit von 40 km/h über diese Steigung ziehen. Da 1933 das maximale Zuggewicht bei 1.200 t lag, mussten Zügen mit dieser Masse nachgeschoben werden.
Für die Versuchsfahrten wurde die über 2.700 kW starke E 95 06 von Schlesien nach Württemberg geholt und mit der E 93 verglichen. Letztere erfüllte die an sie gestellten Aufgaben problemlos, deshalb bestellte die DRG 1935 die E 93 03 und 04, die ebenfalls in Kornwestheim beheimatet wurden. 1937 folgten E 93 05 bis 13. Für den mitteldeutschen Raum orderte die Reichsbahn weitere fünf Lokomotiven, die 1939 ausgeliefert wurden, obwohl bereits schon auf den Reißbrettern der Konstrukteure eine stärkere Variante entwickelt worden war. Eine letzte Bestellung über elf Maschinen änderte man deshalb in elf Loks der stärkeren Baureihe E 94 um.
Die mitteldeutschen Loks blieben nur kurz im Raum Halle, ihre dortigen Aufgaben konnten von den E 44 übernommen werden. Weil die E 93 im Süden dringend gebraucht wurden, kamen die Sechsachser im April und Mai 1939 nach Rosenheim. Nachdem die schnelleren und stärkeren Loks der Baureihe E 94 ausgeliefert wurden, versetzte man die E 93 ins Bw Kornwestheim.
Nach dem Krieg verblieben alle E 93 bei der DB und wurden wieder aufgebaut. Ihre Behei-

▼ Für den schweren Güterzugdienst auf süddeutschen Strecken wurden ab 1933 die sechsachsigen Elloks der Baureihe E 93 von der DRG beschafft. E 93 01 hat 1967 im Bahnhof Geislingen (Steige) den Schubdienst übernommen und wartet auf den nächsten Schubauftrag. *Foto: Otto Blaschke*

▲ Die Loks der Baureihe E 44^5 kamen ohne Vorbauten aus. Von ihnen wurden nur neun Exemplare in zwei Ausführungen an die DRG geliefert. Sie waren zeitlebens südlich von München beheimatet und bevorzugt zwischen Freilassing und Berchtesgaden anzutreffen. Am 30. Juni 1981 setzt sich 144 504 aus dem Betriebswerk vor ihren Zug.

▲ 144 504 und 508 haben gemeinsam einen Zug nach Freilassing gebracht und fahren nun in ihr Heimatbetriebswerk

matung wechselte mehrfach zwischen Kornwestheim, Geislingen und Ulm. Als 1955 die Strecke von Stuttgart nach Heidelberg elektrifiziert wurde, setzte die DB die E 93 in Richtung Norden ein. In den 1960er-Jahren zog sie schließlich alle Loks in Kornwestheim zusammen. Die Maschinen blieben dort bis zu ihrer Ausmusterung, die 1977 begann und am 31. Januar 1985 mit 193 004 und 006 endete. Drei Lokomotiven blieben der Nachwelt erhalten. 193 007 ist die Museumslok der DB. Sie steht nicht zugänglich in Kornwestheim. Die 193 008 wurde als Denkmal auf dem Gelände des Kernkraftwerks Neckarwestheim aufgestellt. Die 193 012 wurde von der DGEG erworben und ist im Eisenbahnmuseum in Neustadt an der Weinstraße untergestellt.

Wie schon erwähnt wurde die E 93 während ihrer Produktion weiterentwickelt und ihre Leistung auf 3.300 kW erhöht. Die Grundkonzeption mit zwei dreiachsigen Drehgestellen und dem Kasten mit zwei Vorbauten sowie dem erhöhten Mittelteil blieben erhalten. Zur Unterscheidung wurde die Weiterentwicklung als E 94 bezeichnet. Im Mai 1940 erschien mit der E 94 001 die erste Lok dieser Baureihe auf den Gleisen der Reichsbahn. Die dreistellige Ordnungsnummer weist auf die Pläne zur Beschaffung einer größeren Anzahl dieser Loks hin. Der hohe Bedarf entstand vor allem durch den Anschluss Österreichs an Deutschland und den erhöhten Güterverkehr zwischen beiden Netzen, besonders auf den Bergstrecken. Das Betriebsprogramm sah die Beförderung von 2.000 t schweren Zügen in der Ebene mit 85 km/h vor. Bei einer Steigung von 25 Promille sollten die Loks noch 600 t mit 50 km/h ziehen können. Ebenso wie die Baureihe E 44 stufte man die E 94 als kriegswichtig ein. Sie durfte deshalb als Kriegs-Ellok 2 (KEL 2) weitergebaut werden.

Die ersten sechs Exemplare wurden für den Einsatz auf der Brennerbahn in Innsbruck beheimatet, die E 94 007 bis 016 kamen nach Pressig-Rothenkirchen, um schwere Züge über die Frankenwald-

Baureihe E 244

▲ Foto: Bellingrodt, Slg. Kleine, *Archiv Transpress*

Die Höllentalbahn von Freiburg nach Neustadt im Schwarzwald (35 km) benötigte für ihre starken Steigungsstrecken von bis zu 55‰ außergewöhnliche Triebfahrzeuge. Bis 1933 nutzte man auf dem Abschnitt Hirschsprung–Hinterzarten noch eine Zahnstange. Dank der leistungsfähigen Tenderdampfloks der Baureihe 85 konnte die Strecke vollständig auf Adhäsionsbetrieb umgestellt werden. Mitte der 1930er-Jahre entschied die DRG, die Höllentalbahn sowie die Dreiseenbahn von Titisee nach Seebrugg zu elektrifizieren. Dafür wählte sie Einphasenwechselstrom mit 20 kV und 50 Hz, um ein anderes Stromsystem zu testen. Am 18. Juni 1936 startete der elektrische Zugbetrieb mit den vier Elloks als E 244 01 (AEG), 11 (Krauss-Maffei/BBC), 21 (Krauss-Maffei/SSW) und 31 (Krupp). Der Dampflokbetrieb konnte aber nicht aufgegeben werden, weil die vier Elloks für den Verkehr der beiden Strecken nicht ausreichten. Da es sich um Versuchsloks handelte, hatte die DRG den Konstrukteuren einigen Spielraum gelassen: Gefordert war u.a. ein Fahrzeugaufbau, der sich an E 44 und E 44^5 orientierte. Für die E 244 01 wählte AEG den Aufbau der E 44^5, die anderen drei Loks sowie die E 244 22 glichen der E 44. Unterschiedliche elektrischen Anlagen sorgten für andere Lüftergitteranordnungen, höhere Dachaufbauten und z.T. leicht abweichende Gesamtlängen. Das Leistungsprogramm verlangte die Beförderung von 180 Tonnen schweren Zügen auf der 55,5-Promille-Steigung mit 60 km/h mittels des Tatzlagerantriebs. Fahrmotoren, Transformatoren, Schaltung, Steuerung und elektrische Bremse wählten die Hersteller selbst. Mit Ausnahme der E 244 31 besaßen die Maschinen eine Gleichstrom-Widerstandsbremse. Die E 244 31 hingegen hatte eine elektrische Nutzbremse, die beim Abbremsen wieder Strom in die Fahrleitung zurückspeiste.

Nach dem Zweiten Weltkrieg gehörten die beiden Strecken zur französischen Besatzungszone. Da die Franzosen an den Ergebnissen mit den 50-Hz-Elloks der Höllentalbahn sehr interessiert waren, wurden auf Anweisung der Besatzungsmacht zwei weitere Elektro-Triebfahrzeuge auf 20 kV / 50 Hz umgebaut. Aus der Schadlok E 44 005 entstand bis 1950 die E 244 22 (SWDE/AEG), aus den Resten des ET 25 026a/b im selben Jahr der ET 255 01a/b.

Als Ende der 1950er-Jahre die Streckenelektrifizierung Freiburg erreichte, beschloss die DB, auch die Höllental- und die Dreiseenbahn auf die Spannung von 15 kV und 16⅔ Hz umzustellen. Dies geschah am 20. Mai 1960. Damit wurden die fünf E 244 nicht mehr gebraucht, doch nur die E 244 01 wurde verschrottet. Die E 244 11 und 22 wurden für den Betrieb mit 15 kV, 16⅔ Hz umgebaut und taten ab 1963 als E 44 188 bzw. 1965 als E 44 189 wieder Dienst. Die Fahrmotoren der E 244 22 baute man in die E 344 01 ein, deren Rahmen und Drehgestelle von E 244 21 stammten. E 44 188 und E 44 189 musterte die DB erst 1982 (144 188 ex E 244 11) bzw. 1983 (144 189 ex E 244 22) aus. E 244 31 blieb als Museumslok erhalten. Einen Radsatz mitsamt Antrieb baute man aus, stellte ihn dem Verkehrsmuseum Nürnberg zur Verfügung und ersetzte ihn durch einen Laufradsatz. Die Lok stand zunächst im Deutschen Museum München, dann tauschte man sie gegen die V 140 001 mit der Universität Karlsruhe. Nach einer Zwischenstation bei der DGEG in Neustadt/Weinstraße wurde die E 244 31 bis 2013 der »Historischen Eisenbahn Mannheim« als Leihgabe überlassen.

▲ Die Loks E 94 178 bis 196 und 262 bis 285 wurden erst Mitte der 1950er-Jahre von der Deutschen Bundesbahn beschafft und sind damit nur wenige Jahre älter als die ersten Einheits-Elloks der Baureihe E 50. 194 187 passiert am 16. Februar 1982 ein Bahnwärterhaus in der Nähe von Ehningen an der Kursbuchstrecke 740.

rampe zu befördern. Die übrigen Loks verteilten sich auf nahezu alle Betriebswerke mit Ellok-Unterhaltung.

Hersteller waren AEG, Krauss-Maffei und SSW. 1940 ging ein Auftrag an die Wiener Lokomotivfabrik Floridsdorf (mechanischer Teil) und ELIN (elektrischer Teil). Bis zum Ende des Kriegs konnten mit den die E 94 001 bis 136 und E 94 151 bis 159 insgesamt 145 Loks dieser Baureihe fertiggestellt werden. Nach dem Krieg folgten die »Fertigbauloks« E 94 137 bis 142 und E 94 160 und E 94 161, die in den Bestand der DB aufgenommen wurden.

Weil der Bedarf an schweren Güterzugloks bei der DB mit den vorhandenen E 94 nicht gedeckt werden konnte, entschied sie sich zur Nachbeschaffung weiterer 43 Maschinen. 24 davon bekamen verstärkte Fahrmotoren und wurden als E 94 262 bis 285 eingereiht. Die ÖBB stockte ihren Bestand nach dem Krieg um drei Maschinen auf, die aus vorgefertigten Teilen entstanden. Somit wurden über 200 Lokomotiven der Baureihe E 94 in Betrieb genommen.

Die Baureihe 194, wie sie ab 1968 hieß, bildete lange Zeit zusammen mit der Baureihe 150 das Rückgrat der Güterzugförderung auf den Strecken in Süddeutschland. Selbst nach dem Erscheinen der Baureihe 151 konnte die DB nicht auf die 194 verzichten, erst die Auslieferung der Baureihe 120 machte sie entbehrlich. Ihre Ausmusterung begann Mitte der 1980er-Jahre und endete am 28. Juni 1988.

18 Lokomotiven der Baureihe E 94 erlebten das Ende des Zweiten Weltkriegs in der Sowjetischen Besatzungszone. Bis auf vier Exemplare wurden sie als Reparationsleistung in die UdSSR gebracht. Sie kehrten erst 1952 – teilweise auf Breitspur umgespurt und nicht betriebsfähig – zusammen mit den elf aus Schlesien stammenden Maschinen zurück. Vier Loks wurden an die Deutsche Bundesbahn verkauft und 23 wieder aufgearbeitet. Zwei Loks wurden ausgemustert und als Ersatzteilspender verwendet.

Zunächst waren die Loks im Raum Magdeburg – Halle – Leipzig zu Hause, später wurden einige auch in Zwickau beheimatet. 1979 verkaufte die DR der DDR zwei Lokomotiven an das Braunkohlenkombinat Bitterfeld. Dort zogen sie als »private« Maschinen Braunkohlezüge zwischen Delitzsch und Burgkemnitz. 1982 folgten zwei weitere Loks.

Anfang der 1980er-Jahre begann wegen Ersatzteilmangels die Ausmusterung der seit 1970 als Baureihe 254 bezeichneten Maschinen. Erst 1991 quittierten bei der DR die letzten »Eisenschweine« ihren Dienst.

Zahlreiche Loks waren nach dem Ende des Zweiten Weltkriegs in Österreich. Nach einem Beschluss des alliierten Kontrollrats durften sie dort bleiben und wurden als 1020.01 bis 1020.44 in den Bestand der ÖBB aufgenommen. Zudem wurden nach dem Krieg drei weitere Loks fertiggestellt, sodass die ÖBB 47 Loks der Baureihe 1020 ihr Eigen nannten. Anfangs waren sie im schweren Schnellzugdienst am Arlberg, Brenner und der Tauernrampe zu finden, später wanderten sie mehr und mehr in den Güterzugdienst ab.

Ab 1967 arbeitete die ÖBB die Loks vollständig auf. Sie bekamen zwei neue Stirnfenster, neue Düsenlüftergitter in den Vorbauten und neue Stirnlampen. Mit ihrem orangefarbenen Anstrich unterschieden sie sich nun deutlich von den 194 der DB. Die 1020 behaupteten sich wesentlich länger als ihre deutschen Kolleginnen im Einsatz, die letzte schied erst 1995 aus dem Dienst der ÖBB aus.

Zahlreiche E 94 sind heute noch erhalten. Sie werden von Privatbahnen planmäßig genutzt oder ziehen als Museumsloks die unterschiedlichsten Sonderzüge.

▼ 193 003 überquert am 13. Mai 1982 die Autobahn A 81 zwischen Böblingen und Sindelfingen um einen Güterzug abzuholen.

▲ Die Loks der Baureihe E 94 sind die verstärkte Version der E 93. Sie wurden besonders für die Gebirgsstrecken in Österreich konstruiert. 194 182 verlässt am 25. Mai 1985 auf ihrer Fahrt Richtung Singen den kurzen Tunnel bei Hohenstein.

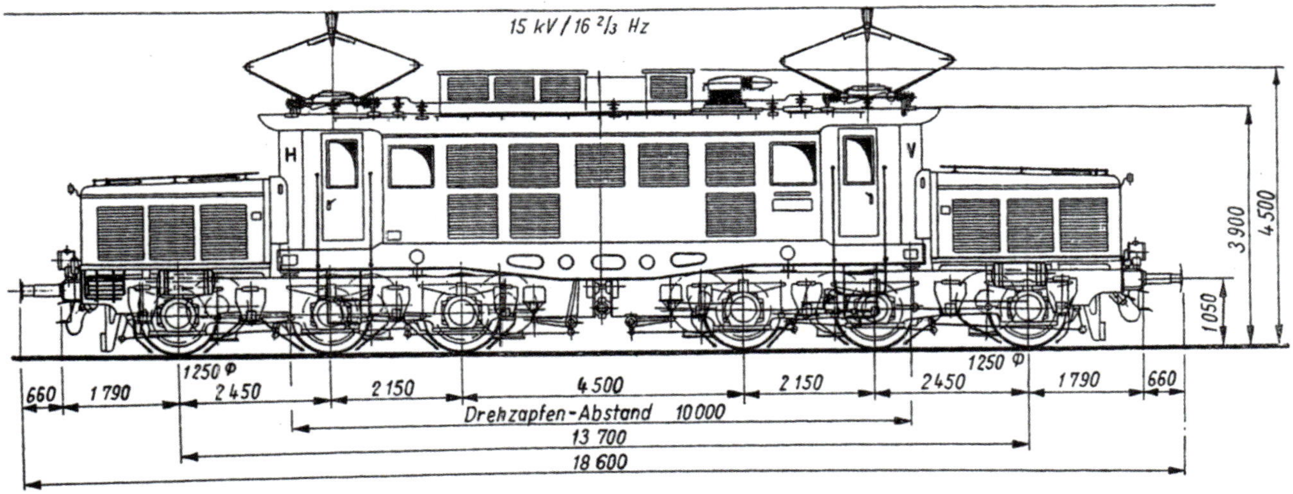

▲ Seitenansicht der Baureihe E 93. *Zeichnung: Archiv transpress*

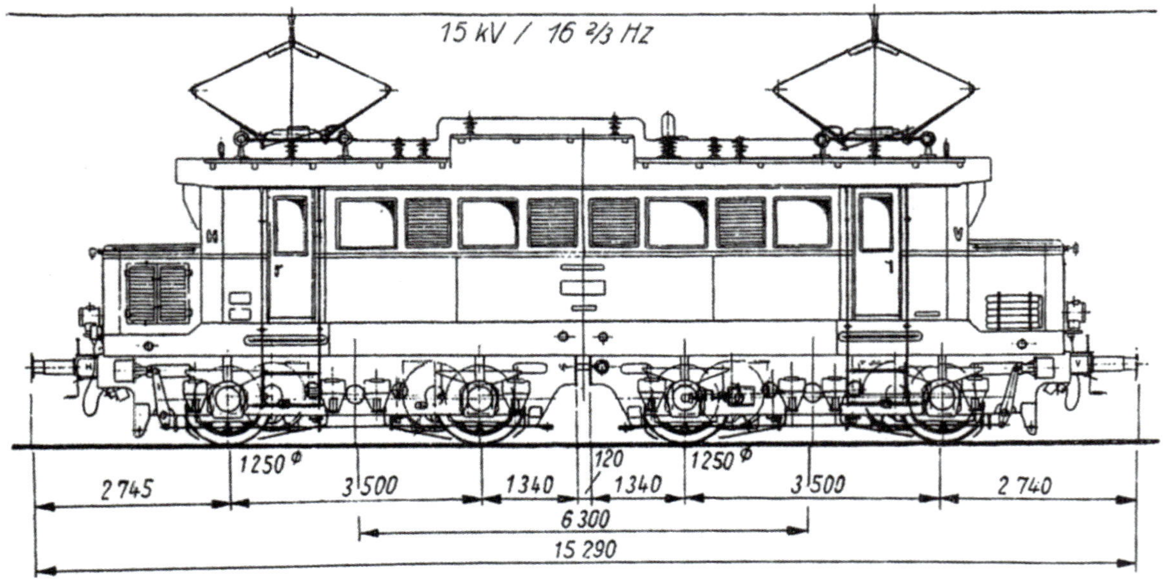

▲ Seitenansicht der Baureihe E 44. *Zeichnung: Archiv transpress*

▲ Seitenansicht der Baureihe E 94. Die sechsachsige Güterzuglok wurde als kriegswichtig eingestuft und durfte deshalb als Kriegsellok 2 (KEL 2) trotz Rohstoffknappheit während des Zweiten Weltkriegs weitergebaut werden. *Zeichnung: Gernot Bahr*

Baureihe		E 44	E 44^5	E 93	E 94
Länge über Puffer	mm	15.290	13.500[a]/14.300[b]	17.700	18.600
Treibraddurchmesser	mm	1.250	1.250	1.250	1.250
Radsatzstand gesamt	mm	9.800	9.140[a]/9.700[b]	12.800	13.700
Achsanordnung		Bo'Bo'	Bo'Bo'	Co'Co'	Co'Co'
Gewicht	t	78	79,2	117,2[c]/118,6[d]	118,7
Höchstgeschwindigkeit	km/h	90	80	65[c]/70[d]	90
Leistung	kW	2.200	1.600	2.502	3.300
Anfahrzugkraft	kN	196	236	353	365
Erste Indienststellung		1933	1933	1933	1940
Anmerkung: [a] = E 44 502 bis 505, [b] = 44 506 bis 509, [c] = E 93 01 bis 04, [d] = E 93 05 bis 18					

Elloks der Deutschen Reichsbahn der DDR

Baureihen E 11 und E 42

Nach dem Zweiten Weltkrieg war die Lage der Deutschen Reichsbahn (DR) in der Sowjetischen Besatzungszone (SBZ) schlecht. Mit zerstörten Strecken, Bahnanlagen und Lokomotiven hatte man in ganz Deutschland zu kämpfen. In Mitteldeutschland war aber zudem das elektrische Streckennetz von den Kraftwerken abgeschnitten, die im amerikanische besetzten Thüringen und Bayern standen. Das Bahnkraftwerk Muldenstein bei Bitterfeld lag zwar mitten im mitteldeutschen Netz, musste aber erst wieder instand

▲ Die Neubau-Elloks der Baureihen E 11 und E 42 wurden in der klassischen DR-Lackierung mit rotem Fahrwerk und grünem Kasten ausgeliefert. In diesem Zustand präsentiert sich die Museumslok 242 151 am 24. Mai 2008 im Weimar dem Fotografen. *Foto: Sven Bürgel*

▲ Mit der E 11 001 begann im Januar 1961 die Serienfertigung neuer Elloks in der DDR. Von der Schnellzugversion Baureihe E 11 wurden knapp 100 Loks gebaut, von der Güterzugversion Baureihe E 42 knapp 300 Exemplare. Die Baumusterlok E 11 001 blieb erhalten und stand am 21. August 2005 in Berlin-Schöneweide.

gesetzt werden. Auch nach dem Abzug der Amerikaner aus Thüringen konnte noch kein elektrisch bespannter Zug fahren, weil die Leitungen nach Bayern weiterhin unterbrochen waren. Erst am 19. Juli 1945 konnte die DR nach Genehmigung der Sowjetischen Militäradministration in Deutschland (SMAD) den elektrischen Zugbetrieb zwischen Leipzig und Köthen wieder aufnehmen.

Im März 1946 erließ der sowjetische Marschall Georgi Shukow (1896 – 1974) den Befehl zur Stilllegung des elektrischen Zugbetriebs in der SBZ und zum Versand von 211 Lokomotiven und aller Anlagen als Reparationsleistung in die Sowjetunion. Damit endete vorläufig der elektrische Zugbetrieb in Mitteldeutschland. 1952 schlossen die UdSSR und die DDR ein Abkommen zur die Rückführung der Anlagen und Lokomotiven für den elektrischen Zugbetrieb. Die DDR musste dafür 355 neue Reisezugwagen an die Sowjetunion liefern. 1953 kamen mehr als 180 Lokomotiven zurück. Ein Großteil wurde aufgearbeitet und am 1. September 1955 eröffnete man feierlich abermals den elektrische Zugbetrieb in der DDR.

Schon vor der Rückführung der Elloks hatte sich die Reichsbahn Gedanken zur Elektrifizierung ihrer Strecken gemacht. Dabei wurde

▲ Für den S-Bahn-Einsatz im Großraum Leipzig bekamen einige Loks der Baureihe 211 einen Anstrich mit blauem Kasten und gelben Absetzlinien. 211 036 steht am 5. September 1970 abfahrbereit in Leipzig Hbf. *Foto: Jürgen Krantz*

auch die Systemfrage erörtert. Weil es sich praktisch um einen Neuanfang handelte, waren diese Überlegungen durchaus sinnvoll. Zur Debatte stand eine Elektrifizierung mit 25 kV, 50 Hz oder 15 kV, 16 ⅔ Hz. Die Rückführung der Loks aus der UdSSR beendete die Diskussion. Man entschied sich für 15 kV, 16 ⅔ Hz, verlor das andere System aber nicht ganz aus den Augen, zumal einige Länder Europas mit 25 kV, 50 Hz fuhren und an einen Export von Elloks in diese Länder gedacht war.

Bereits in der zweiten Hälfte der 1950er-Jahre zeichnete sich ab, dass die vorhandenen Altbau-Loks nicht mehr lange für den Betrieb ausreichen würden. Die Konstrukteure des VEB Lokomotivbau-Elektrotechnische Werke »Hans Beimler« (LEW) in Hennigsdorf bei Berlin machten sich deshalb an die Entwicklung einer neuen Ellokbaureihe für die Deutsche Reichsbahn. Sie griffen dabei auf die Mitte der 1950er-Jahre an Polen gelieferte Baureihe EU 04 zurück. Außerdem verhandelten sie mit westdeutschen Firmen über die Übernahme von Lizenzen von der neuen Schnellzuglok-Baureihe E 10 der DB. Die Verhandlungen scheiterten aber und die Loks für die DR mussten völlig neu entworfen werden.

Die neue vierachsige Lokomotive bekam wie die Baureihe E 44 zwei Drehgestelle, auf denen sich ein Brückenrahmen mit dem gesamten Lokkasten abstützt. Im Unterschied zur E 44 werden die Zugkräfte aber nicht über eine Kupplung zwischen den Drehgestellen übertragen, sondern über die Drehzapfen und den Lokrahmen. Damit konnte der Kurvenlauf verbessert und in der Geraden ein schwingungsfreies Fahrverhalten erreicht werden. Zunächst baute LEW zwei Prototypen, die von der DR als E 11 001 und E 11 002 übernommen wurden. Man griff auf den bewährten Tatzlagerantrieb zurück, der bei der E 11 002 im Dezember 1961 durch eine erste Ausführung des von LEW entwickelten Kegelringfederantrieb ersetzt wurde. Später erhielten diesen Antrieb in modifizierter Form die Loks der Baureihen 250 (ab 1992: 155) 212 (ab 1992 112) und 243 (ab 1992: 143).

▲ Nachdem die DR die Loks der Baureihe 211 (ab 1992: Baureihe 109) nicht mehr benötigt wurden, kamen einige von ihnen zu privaten Eisenbahnunternehmen. So stehen die ehemalige 109 084 als 109-1 und eine Schwestermaschine am 19. August 2005 in Berlin-Lichtenberg. Sie gehörten zum Adtranz-Lokpool und konnten angemietet werden. *Foto: Marc Dahlbeck*

Im Pflichtenheft der Loks war vorgesehen, dass sie Schnellzüge mit einer Anhängelast von 600 t in der Ebene mit 140 km/h ziehen sollten, aber auch Güterzüge mit einer Last von 1.800 t bei 100 km/h. Weil dies mit einer einzigen Lokbaureihe nicht sinnvoll zu erfüllen war, entwickelte man die E 11 als Schnellzugvariante und daneben die E 42 als Güterzugmaschine.

Im Frühjahr 1961 kamen je zwei Prototypen der E 11 und der E 42 zur DR. Für die Versuchsfahrten, bei denen noch kleinere Mängel und »Kinderkrankheiten« zu Tage traten, wurden sie im Bw Halle P stationiert und der Versuchs- und Entwicklungsstelle Maschinenwirtschaft in Halle (VES-M Halle) unterstellt. Besonders problematisch war der starre Tatzlagerantrieb mit seinen Rüttelschwingungen. Deshalb wurden die ab 1962 gelieferten Serienloks beider Baureihen mit einem gefederten Tatzlagerantrieb ausgestattet. Zunächst orderte die DR 40 Loks der Baureihe E 11 und 22 der Baureihe E 42, die bis 1963 ausgeliefert waren. Die Serienloks beider Baureihen waren weitgehend baugleich, nur die Getriebeübersetzungen und die Bremsen unterschieden sich voneinander.

Die E 11 ersetzte zunächst die Altbau-Elloks E 04 und E 44 im Schnellzugdienst. Sie waren in Halle und Leipzig beheimatet, zwei Loks gingen nach Bitterfeld. Die ersten Exemplare der E 42 kamen nach Halle. Mitte der 1960er-Jahre fuhren die Loks bis Karl-Marx-Stadt und weiter nach Dresden. Erst 1970 wurde die Verbindung Leipzig – Dresden elektrifiziert.

▼ Im Großraum Dresden wurden Loks der Baureihe 242 mit Doppelstockwagen im S-Bahn-ähnlichen Vorortverkehr eingesetzt. Am 16. September 1990 schiebt die Baumusterlok 242 001 ihren Wendezug aus dem Haltepunkt Freital-Hainsberg. Im Hintergrund sind Bahnanlagen und Fahrzeuge der Schmalspurbahn nach Kipsdorf zu erkennen.

In den 1960er-Jahren wurden die vier Prototypen an die Serienloks angeglichen und konnten nun freizügig eingesetzt werden.

Während die 40 Exemplare der E 11 bei den Schnellzuglokomotiven den Bedarf zunächst deckten, wurden weitere E 42 benötigt. Ab Mai 1970 standen insgesamt 186 Loks der Baureihe E 42 zur Verfügung. Ab 1970 wurden E 11 und E 42 wieder parallel gebaut. Im Januar 1977 endete mit der 211 096 die Beschaffung der Baureihe 211, wie sie seit Einführung der EDV-Nummern im Jahr 1970 hieß. Allerdings wurden nur 95 Exemplare gebaut, denn die 211 056 entstand aus der unfallbeschädigten 211 004. Im November 1976 verließ mit 242 292 die letzte 242 die Werkhallen in Hennigsdorf.

Bereits seit 1969 waren die Loks im S-Bahn-Dienst anzutreffen. Sie wurden in den Großräumen Leipzig, Halle, Dresden und Magdeburg vor Wendezügen eingesetzt, die entweder aus einstöckigen Mitteleinstiegswagen oder aus Doppelstockwagen bestanden. Die E 11 für Leipzig bekamen einen Anstrich in den Stadtfarben mit blauem Lokkasten und gelben Zierlinien. Ähnlich lackierte man auch die Wagen. In Dresden bespannten Loks der Baureihe 242 die aus grau/braunen Doppelstockwagen gebildeten Züge.

▶ Nach einem heftigen Gewitterregen steht 242 003 wieder in der Sonne und wartet auf Ausfahrt aus den unteren Kopfgleisen des Dresdener Hauptbahnhofs. Die Aufnahme entstand am 18. September 1990.

▲ In einer frühen Ausführung der roten Lackierung steht 242 124 im Jahr 1970 in Leipzig Hbf. Die Lok hatte dort Personenzugleistungen im Vorortverkehr zu erbringen.
Foto: Jürgen Krantz

Mitte der 1970er-Jahre wurden einige 211 in Erfurt beheimatet, die 242 kam nach Zwickau und Karl-Marx-Stadt.
1985 benötigte Die DR wendezugfähige Loks für den Betrieb auf dem Berliner Außenring. Weil die 242 dafür zu langsam war, bekamen einige Maschinen die Motorritzel und die Bremse der 211. Versehen mit ihrer ursprünglichen Ordnungsnummer reihte man sie als Baureihe 211 ein.
1988 erhielten acht Lokomotiven eine Wendezugsteuerung und eine Doppeltraktionseinrichtung, sie wurden als Baureihe 211[8] geführt.
Ende der 1980er-Jahre stieg der Bedarf an Güterzugloks der Baureihe 242 weiter an, während die 211 durch die neue Baureihe 243 ersetzt werden konnte. Deshalb entschloss sich die DR zum Umbau von 22 Loks der Baureihe 211 in 242er. Um sie von den ursprünglichen Maschinen der Baureihe 242 unterscheiden zu können, wurde die Ordnungsnummer dieser Loks um 300 erhöht.
1988 übernahm das Braunkohlenkombinat Bitterfeld die 211 026 und die 211 030 bis 032. Sie reihte sie als 4-1314 bis 4-1317 in ihren Bestand ein und bespannte ihre Kohlezüge mit den Loks. Die 4-1315 blieb museal erhalten und war für das Freilichtmuseum »Ferropolis« vorgesehen, die drei anderen kamen zur Karsdorfer Eisenbahn-Gesellschaft. 4-1314 und 4-1317 gingen weiter Adtranz. Adtranz übernahm zusätzlich weitere Lokomotiven von der DB, arbeitete fünf von ihnen auf und vermietete sie unter den Loknummern 109-1 bis 109-5 an private Eisenbahnunternehmen.

▲ Ursprünglich waren die Loks der Baureihe E 42 für den leichten und mittelschweren Güterzugdienst vorgesehen. Am 12. September 1990 hat 242 236 einen Übergabezug nach Oschatz gebracht.

▲ Bei der Deutschen Bahn AG wurden die »Holzroller« der DR als Baureihe 109 und 142 bezeichnet. In dieser Ausführung und neuem DB-Logo steht 142 220 am 20. Juli 1995 in Dresden Hbf.

Weitere 243er machten schließlich auch die Baureihe 242 der Reichsbahn überflüssig und nach der Vereinigung beider Deutscher Bahnen zu DB AG im Jahr 1994 begann die planmäßige Abstellung der seit 1992 als Baureihe 109 (ex 211) und 142 (ex 242) bezeichneten Loks. Erst 1998 quittierte die letzte 109 ihren Dienst.

In den 1990er-Jahren zeichnete sich ein Lokmangel bei der Schweizerischen Südostbahn (SOB). Die Gesellschaft mietete die 243 922 und die 250 252 von der DR an. Sie war mit den Loks zufrieden, die DB forderte die Maschinen aber zurück und bot stattdessen Fahrzeuge der Baureihe 242 an. Die SOB übernahm die 142 042 und führte Testfahrten durch. Mit den Ergebnissen war die Privatbahn offenbar zufrieden. Mitte der 1990er-Jahre kaufte die extra dafür gegründete Lokoop AG 20 Loks der Baureihe 142 und ließ sie für den Einsatz in der Schweiz umbauen. Dabei bekamen die Loks einen Schweizer Stromabnehmer, die Zugsicherung Integra, eine Vielfachsteuerung und eine elektrische Bremse. Deren Widerstände wurden an der Stelle montiert, die vorher der zweite Stromabnehmer eingenommen hatte. Die Loks wurden als Baureihe 477 bezeichnet, mit Vollwerbungen beklebt und an die Mittelthurgaubahn (MThB) und die Schweizerische Südostbahn (SOB) vermietet.

Zwei Lokomotiven gingen an die Verkehrsbetriebe von Freiburg/Fribourg »transports publics fribourgeois« (tpf). Im Jahr 2003 kehrten schließlich 18 Maschinen nach Deutschland zurück und wurden von der Westfälischen Almetalbahn übernommen. 2008 kam mit der 142 042 die letzte Lok wieder nach Deutschland.

Von den spöttisch als »Holzroller« bezeichneten Loks sind zahlreiche Exemplare erhalten geblieben. Außer den von privaten Bahnen eingesetzten Maschinen gibt es noch einige Museumsloks. Die nicht betriebsfähige E 11 001 gehört dem Verkehrsmuseum Dresden und steht in Halle. Die E 11 030, eine ehemalige Werklok des BKK Bitterfeld stand zunächst auf dem Ausstellungsgelände in »Ferropolis«. Inzwischen ist sie nach einer Untersuchung heute für PE Cargo unterwegs.

E 11 049 des DB Museums ist als Dauerleihgabe beim TEV Thüringer Eisenbahnverein. Die grüne E 42 001 gehört der IG 58 3047 in Glauchau und ist für die MTEG im Planeinsatz.

Die E 42 002 befindet sich im Sächsischen Eisenbahnmuseum in Chemnitz und 242 151 steht beim TEV Thüringer Eisenbahnverein e.V. im Weimar. 242 151 wurde 2008 mustergültig aufgearbeitet, trägt wieder ihren ursprünglichen Anstrich mit grünem Lokkasten, rotem Fahrwerk und ist voll betriebsfähig.

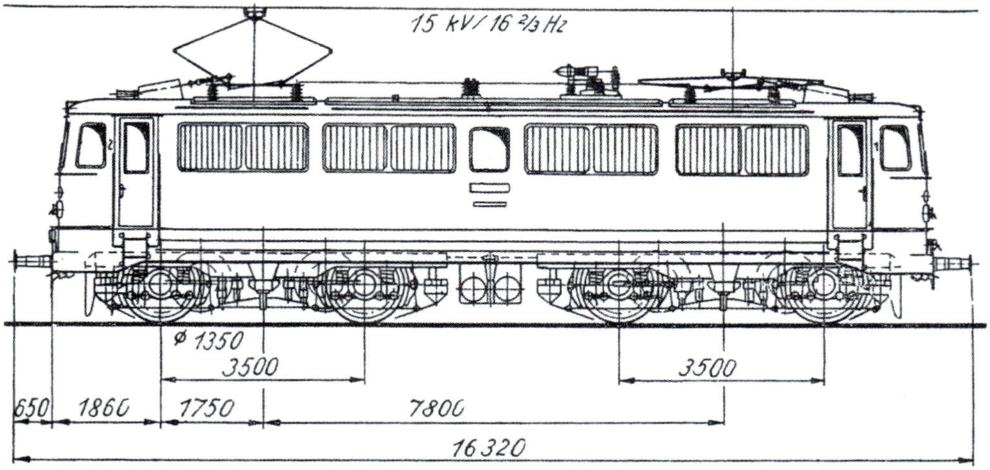

▲ Seitenansicht der DR-Neubauloks Baureihe E11 und E 42. *Zeichnung: Archiv Endisch*

Baureihe		E 11	E 42
Länge über Puffer	mm	16.260	16.260
Treibraddurchmesser	mm	1.350	1.350
Radsatzstand gesamt	mm	11.300	11.300
Achsanordnung		Bo'Bo'	Bo'Bo'
Gewicht	t	82,5	82,5
Höchstgeschwindigkeit	km/h	120	100
Leistung	kW	2.920	2.920
Anfahrzugkraft	kN	216	245
Erste Indienststellung		1961	1963

Baureihe E 251

▲ Die schweren sechsachsigen Lokomotiven der Baureihe 251 (später 171) entstanden für den Güterverkehr auf der mit 25 kV und 50 Hz elektrifizierten Rübelandbahn im Harz. Am 19. September 2000 wartet die wieder grün lackierte 171 001 im Bahnhof Rübeland auf Weiterfahrt

Mitte der 1950er-Jahre stellte die Deutsche Reichsbahn der DDR bei der Wiederelektrifizierung ihrer Strecken Überlegungen zum Stromsystem an. Neben der in Deutschland üblichen Versorgung mit einer Spannung von 15 kV und 16²/₃ Hz stand als Alternative die Elektrifizierung mit einer Spannung von 25 kV und 50 Hz zur Debatte. Die Rückkehr der deutschen Elloks aus der Sowjetunion gab den Ausschlag für die Beibehaltung der Spannung von 15 kV, 16²/₃ Hz, denn nur für diese Spannung ließen sich die Loks mit vertretbarem Aufwand wieder instand setzen.

Um jedoch speziell für den Export auch Erfahrungen mit der Konstruktion und dem Bau von 25-kV-Lokomotiven, sammeln zu können, wurde die Strecke zwischen der Lokomotivfabrik in Hennigsdorf und Wustermark mit 25 kV, 50 Hz elektrifiziert und eine erste Probelok entworfen. Sie sollte sich einerseits möglichst weit an die Lokomotiven der Baureihen E 11 und E 42 anlehnen, andererseits griff man auf die sechsachsigen Loks der Baureihe EU 20 zurück, die bereits nach Polen geliefert worden war. Die sechsachsige Ausführung bot mehr Spielraum bei der Größe und dem Gewicht der Aggregate. Der Haupttransformator der Loks kam von der Belgischen Firma ACEC in Charleroi. Die Silizium-Dioden für die Fahrstromgleichrichtung stammten aus Großbritannien.

Zunächst wurden Anfang der 1960er-Jahre zwei Maschinen gebaut: Die LEW I und die LEW II durchliefen umfangreiche Tests. So kamen sie unter anderem im Sommer 1963 in Rumänien zum Einsatz. Die LEW I stellte man 1965 auf der Leipziger Messe aus.

Ab 1966 standen die Serienloks zur Verfügung. Damit konnten die beiden Erprobungsträger aus dem Betrieb genommen werden. Sie kamen zurück zu den LEW und wurden erst 1968 bzw. 1971 verschrottet.

Schließlich kam es in der DDR aber doch noch zur Elektrifizierung einer Bahnlinie mit der Spannung 25 kV, 50 Hz. Ursache war das 1958 verabschiedete »Chemieprogramm der DDR«. Dieses sorgte auf der Rübelandbahn von Blankenburg nach Königshütte mit ihren Steigungen von bis zu 60 ‰ für eine dramatische Steigerung der Beförderungsleistungen, da für die steigende Chemieproduktion erheblich mehr Kalk transportiert werden musste. Mit den vorhandenen Dampfloks der Baureihen 95^0 (preuß. T 20) und 95^{66} (ex »Tierklasse« der ehemaligen Halberstadt-Blankenburger Eisenbahn) ließ sich die Kapazität der Steilstrecke nicht mehr steigern. Dieselloks mit der geforderten Leistung standen ebenfalls nicht zur Verfügung. Wegen zu hoher Kosten war es nicht möglich, die Strecke mit dem normalen Stromsystem (15 kV / 16²/₃ Hz) zu elektrifizieren: Dies hätte für die Harzer Bahnlinie eine eigene Bahnstromversorgung erforderlich gemacht. Deutlich preiswerter erschien dagegen eine Elektrifizierung, die bei ihrer Energieversorgung auf das Landesnetz mit der dort üblichen Frequenz von 50 Hz zurückgriff. Somit elektrifizierte man die (elektrische) Inselstrecke ab März 1963 mit 25 kV und 50 Hz. Die

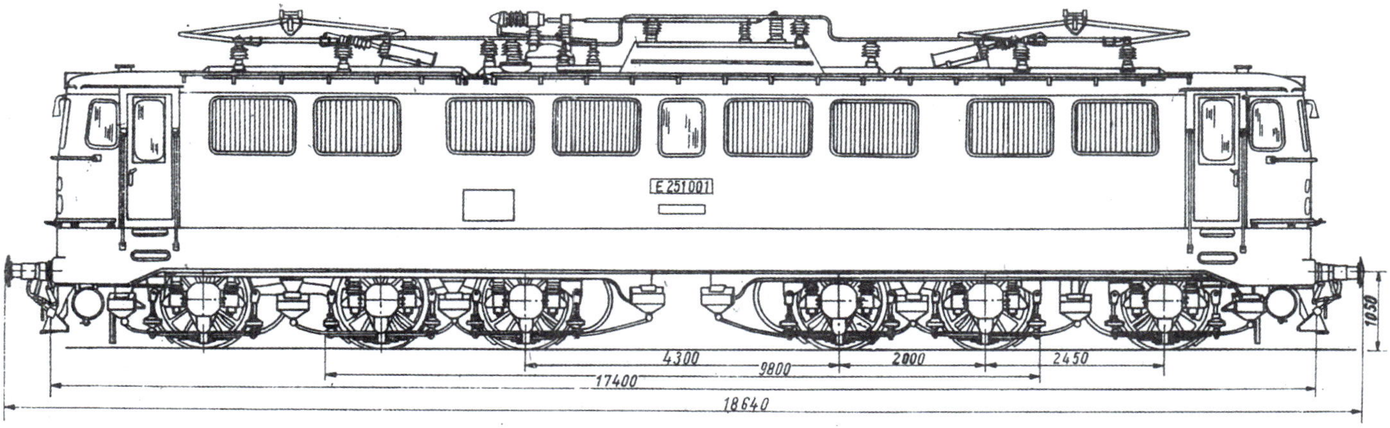

▲ Zeichnung: Archiv Endisch

dafür benötigen Elloks wurden aus den sechsachsigen Prototypen LEW I und II entwickelt. Ab 1965 gingen die 15 Lokomotiven als Baureihe E 251 bei der DR in Betrieb. Ihr Lastenheft sah die Beförderung 300 t schwerer Züge auf den 63 Promille-Steigungen mit einer Geschwindigkeit von 40 km/h vor. Die Höchstgeschwindigkeit der Loks lag bei 80 km/h und war damit für die an sie gestellten Aufgaben ausreichend. Um die nötige Radsatzlast von 21 t zu erreichen, mussten 6 t Ballast eingebaut werden.
E 251 006 bekam einen blauen Anstrich mit weißen Zierstreifen und wurde auf der Leipziger Messe gezeigt, auch E 251 002 präsentierte sich in einem Sonderanstrich in Leipzig.
1965 weilte die E 251 001 zu Vorführfahrten in Bulgarien. Nach dem sie wieder bei der DR war, begann der Zugbetrieb auf der Rübelandbahn. Dafür wurden die Loks in Blankenburg beheimatet.
Die Baureihe E 251 oder Baureihe 251, wie sie ab 1970 hieß, übernahm aber nicht nur den Güterverkehr, sondern bespannte auch Reisezüge auf der Rübelandbahn. Seit 1992 wurden die Loks als Baureihe 171 bezeichnet. Von den ehemals 15 Lokomotiven setzte man elf Maschinen bis Dezember 2004 im Güterverkehr ein.
171 001 und 171 002 wurden wieder in den Ursprungszustand mit grünem Lokkasten und rotem Fahrwerk zurückversetzt und unter Denkmalschutz gestellt. Von den anderen Maschinen behielten einige den bordeauxroten Anstrich der DR, einige lackierte man in Orientrot oder in Verkehrsrot – entscheidend war der Zeitpunkt und das jeweils gültige Farbschema. Zur Zeit sind die Museumsloks in Blankenburg anzutreffen, die anderen Maschinen stehen in Zwickau.
Der Betrieb auf der Rübelandbahn wurde schließlich mit den modernen Drehstromlokomotiven der Baureihen 185 und 189 fortgesetzt. Später kamen jedoch Diesellokomotiven der Baureihen 233, 241 und der »Blue Tiger« zum Einsatz. Mittlerweile setzt die Havelländische Eisenbahn auch Maschinen der Baureihe 285 ein.
Im Februar 2006 kam 171 008 nach Dresden-Friedrichstadt, wo an der Unterflurdrehbank ihre Radsätze bearbeitet wurden. Anschließen wurde an das Logistic Center Bulgaria Branch vermietet und nach Rumänien gebracht.

E 211

Für den Export entwickelte LEW zusammen mit den beiden sechsachsigen Prototypen eine vierachsige Variante für den Schnell- und Personenzugdienst auf 25 kV, 50 Hz-Strecken. Sie war so konzipiert, dass sie in unterschiedlichen Ausführungen hätte gebaut werden können.
Wegen technischer Probleme konnte die als E 211 bezeichnete Lokomotive aber erst 1968 fertig gestellt werden und kam in den Probeeinsatz auf der Strecke zwischen Hennigsdorf und Wustermark. Weil hier keine Fahrten mit einer Höchstgeschwindigkeit von 160 km/h möglich waren, brachte man die Lok zum CSD-Versuchsring nach Velim. Schließlich kam Lok zur Rübelandbahn, wo sie zwischen 1970 und 1973 ein umfangreiches Versuchsprogramm absolvierte.
Wie die LEW I und II blieb die E 211 01 immer im Besitz der LEW. Nach Abschluss der Versuche kam sie zum Hersteller zurück und wurde Anfang der 1980er-Jahre verschrottet.

Baureihe		E 211	E 251
Länge über Puffer	mm	16.106	18.640
Treibraddurchmesser	mm	1.250	1.350
Radsatzstand gesamt	mm	10.500	13.200
Achsanordnung		Bo'Bo'	Co'Co'
Gewicht	t	80	126
Höchstgeschwindigkeit	km/h	160	60
Leistung	kW	3.360	3.660
Anfahrzugkraft	kN	287	379
Erste Indienststellung		1968	1965

Baureihen 250 und 252

Mit den Baureihen 211 und 242 hatte die Deutsche Reichsbahn der DDR in den 1960er- und 1970er-Jahren elektrische Lokomotiven in Dienst gestellt, die sich zwar im Schnellzug-, Personen- und leichten Güterzugdienst bewährten, der schwere Güterzugdienst konnte damit aber nicht bedient werden. Für diese Züge hatte die DR nur die Lokomotiven der Baureihe 254 (E 94) im Bestand. Ihre Anzahl war aber zu gering, zudem stammten aus den 1940er-Jahren. Die Reichsbahn setzte zwar die 242 in Doppeltraktion vor schweren Güterzügen ein, dies war aber nur eine Notlösung, weil die Loks dafür eigentlich nicht ausgelegt waren.

Anfang der 1970er-Jahre begann der VEB Lokomotivbau-Elektrotechnische Werke »Hans Beimler« (LEW) Hennigsdorf mit der Konstruktion einer neuen Baureihe. 1974 waren die drei Prototypen 250 001 bis 003 der neuen sechsachsigen Baureihe auf den Gleisen der DR unterwegs.
Erstmals verwendete die DR bei diesen Maschinen den neu entwickelten Kegelringfederantrieb, mit dem sie das Siemens-Patent des Gummiringfederantriebs umging. Neu war auch die Gestaltung des Lokomotivkastens durch Industrie-Designer. Schnell brachte das eigenwillige Aussehen den Loks die Spitznamen »Kabel-Container«

▲ Die Loks wurden von Mitte der 1970er-Jahre von der Deutschen Reichsbahn der DDR als Baureihe 250 eingereiht und bekamen den damals vorgeschriebenen Anstrich mit rotem Lokkasten und hellgrauem Fahrwerk. Die Aufnahme zeigt 250 133 in Leipzig Hbf.

▲ Für den schweren Güterverkehr auf elektrifizierten Strecken benötigte die Reichsbahn der DDR Mitte der 1970er-Jahre neu Lokomotiven und bestellte bei LEW 273 Exemplare der sechsachsigen Baureihe 250 (später 155). Die 155 001 ist bereits aus dem Plandienst ausgeschieden und wird museal erhalten. Am 30. September 2006 wurde sie in Berlin-Schöneweide ausgestellt.

▲ Die Loks waren mit ihren sechs Radsätzen für den schweren Personen- und Güterzugdienst auf steigungsreichen Strecken vorgesehen. Von Coburg her hat 155 220 am 8. Oktober 1992 den Bahnhof von Sonneberg erreicht.

▲ Die Loks der Baureihe 252 waren als Nachfolger für die 250 vorgesehen. Wegen der politischen und wirtschaftlichen Entwicklung Ende der 1980er-Jahre wurden jedoch nur vier Prototypen gefertigt, die von der DB AG als Baureihe 156 übernommen wurden. 156 001 steht am 19. November 1994 mit IC 650 »Wartburg« abfahrbereit in Dresden Hbf.

oder »Energie-Container« ein. Das Laufwerk besteht aus zwei Triebdrehgestellen mit drei einzeln angetriebenen Radsätzen, die in einem geschweißten Drehgestellrahmen ruhen. Der mittlere Radsatz besitzt zur besseren Kurvenläufigkeit 10 mm Seitenspiel. Die sechs Tatzlagermotoren werden mittels einer Hochspannungssteuerung mit Stufenwähler und Thyristorsteller geregelt.

Die Loks wurden wie üblich zunächst als Neuheiten auf der Leipziger Messe gezeigt, ausgiebigen Untersuchungen unterzogen und zur Probezerlegung ins RAW Dessau überführt.

Nachdem alle Ergebnisse ausgewertet waren, begann die Serienbeschaffung. Zwischen 1977 und 1984 wurden 270 Serienloks an die DR ausgeliefert. Sie unterscheiden sich durch das obere Spitzenlicht von den Prototypen: Während diese Lampe bei den Vorserienloks über den Stirnfenstern montiert ist, tragen es die Serienloks unter dem Frontfenster. Außerdem erhielten die Serienmaschinen kleinere Stirnfenster.

Im Jahr 1979 baute die DR die Vorserienlok 250 002 für eine Höchstgeschwindigkeit von 160 km/h um und unternahm entsprechende Schnellfahrversuche, die erfolgreich verliefen. 1987 wurde sie in die Normalausführung umgebaut, hatte aber bereits 1988 einen Rangierunfall und wurde 1989 im Bw Halle P zerlegt.

Die ersten Serienmaschinen kamen nach ihrer Abnahme zu den Betriebswerken Dresden, Halle P und Leipzig. Von dort wurden sie im schweren Güterzug- und Reisezugdienst eingesetzt.

Im September 1990 übernahm die Schweizerische Südostbahn (SOB) leihweise die 250 252 und setzte sie im schweren Güterzugdienst vor Kieszügen ein. Die Lok bekam dafür Schweizer Stromabnehmer.

1994 kamen die Loks, die seit 1992 die Baureihenbezeichnung 155 tragen, zur DB AG und später zu Railion. Für den Einsatz im Westen Deutschlands wurden die Maschinen unter anderem in Mannheim beheimatet. Inzwischen sind alle in Seddin zu Hause.

Weil es in den letzten Jahren immer wieder Probleme mit den Drehgestellen auftraten, musste die Höchstgeschwindigkeit zeitweise auf 80 km/h heruntergesetzt werden. Zahlreiche Maschinen wurden inzwischen wegen Schäden ausgemustert. Mehrmals wurde auch die komplette Ausmusterung in Erwägung gezogen. Wegen Lokmangels wurden aber seit Sommer 2006 wieder Loks der Baureihe 155 zur Hauptuntersuchung ins Werk Dessau gebracht und für den Weiterbetrieb hergerichtet.

Die 155 001, die einzige noch erhaltene Prototyp-Maschine wurde am 3. April 2006 ausgemustert und ist derzeit als Museumslok erhalten in Halle hinterstellt.

Der weitere Ausbau des elektrischen Streckennetzes ab Mitte der 1980er-Jahre veranlasste die DR, für den schweren Güterzugdienst eine leistungsstarke Elektrolok bei LEW in Hennigsdorf entwickeln zu lassen.

Ab 1987 dachte man außerdem darüber nach, den Schienentransitverkehr zwischen der Bundesrepublik Deutschland und West-Berlin zu beschleunigen. Die Strecke Berlin – Hannover sollte elektrifiziert und für eine Höchstgeschwindigkeit von 160 km/h ausgebaut werden. Auch dafür wurde eine neue Ellok benötigt.

1989 bestellte die Reichsbahn zunächst vier Prototypen und reihte sie als 252 001 bis 004 in ihren Lokpark ein. Die erst 1991 gelieferten Loks bekamen einen roten Anstrich mit stirnseitigen Kontrastflächen und seitlichen Zierlinien. Allerdings unterschieden sich die Maschinen durch die Anordnung der Kontrastflächen und die Farbe des Rahmens.

▲ In den letzten Jahren versah die Deutsche Bahn die 155 mit Einholm-Stromabnehmern und dem verkehrsroten Anstrich. In dieser Ausführung passiert 155 055 am 10. September 2004 den Hauptbahnhof von Mannheim.

▲ Die vier Loks der Baureihe 252 bekamen bei ihrer Ablieferung Anstriche mit unterschiedlichen Kontrastflächen und Absetzlinien. Am Abend des 16. November 1994 steht 156 002 in Dresden Hbf.

▲ Nachdem die DB die vier 156 ausgemustert hatte, kamen sie zur Mitteldeutschen Eisenbahn GmbH (MEG), die sie weiterhin im schweren Güterzugdienst einsetzt. Am 8. Oktober 2004 ist MEG 804 – die ehemalige 156 004 – im Werk Berlin-Schöneweide abgestellt.

252 004 wurde am 10. März 1991 von der 243 001 nach Leipzig überführt und dort auf der Messe der Öffentlichkeit vorgestellt. Die Erprobung fand im Raum Halle und rund um Berlin statt. Anfang März 1992 wurden die vier Lokomotiven dem Bw Dresden- Friedrichstadt zugeteilt. Hier zogen sie schwere Güterzüge, aber auch Schnellzüge und InterRegio-Züge gehörten zu ihren Aufgaben.

Die politische Entwicklung Anfang der 1990er-Jahre verhinderte die Serienbeschaffung der Baureihe 156, wie sie im neuen DB-Nummernplan hieß, die noch auf der konventionelle Einphasen-Wechselstromtechnik basiert. In Ermangelung an Erfahrungen mit der modernen Drehstromtechnik hatte man beim mechanischen Teil auf die Baureihe 250 (ab 1992: 155) und im elektrischen Teil auf die Technik der Baureihe 243 (ab 1992: 143) zurückgegriffen.

Die DB hatte mit den Drehstromloks der Baureihe 120 wirtschaftlichere Loks in ihrem Bestand, sodass kein weiteres Interesse an der 156 bestand. Dennoch kamen die Loks zur DB Cargo und waren im Bw Dresden stationiert. Eigentlich waren sie als Splittergattung zur baldigen Ausmusterung vorgesehen, bekamen aber noch einmal eine Hauptuntersuchung, bei der sie den verkehrsroten Anstrich mit dem »Railion«-Schriftzug erhielten. Im Oktober 2002 stellte Railion die Loks konserviert in Dresden-Friedrichstadt ab, weil sie verkauft werden sollten. 2003 gingen alle vier an die Mitteldeutsche Eisenbahn GmbH (MEG), die sie zur Zeit mehrmals wöchentlich vor schweren Kesselwagen- und Zementzügen einsetzt.

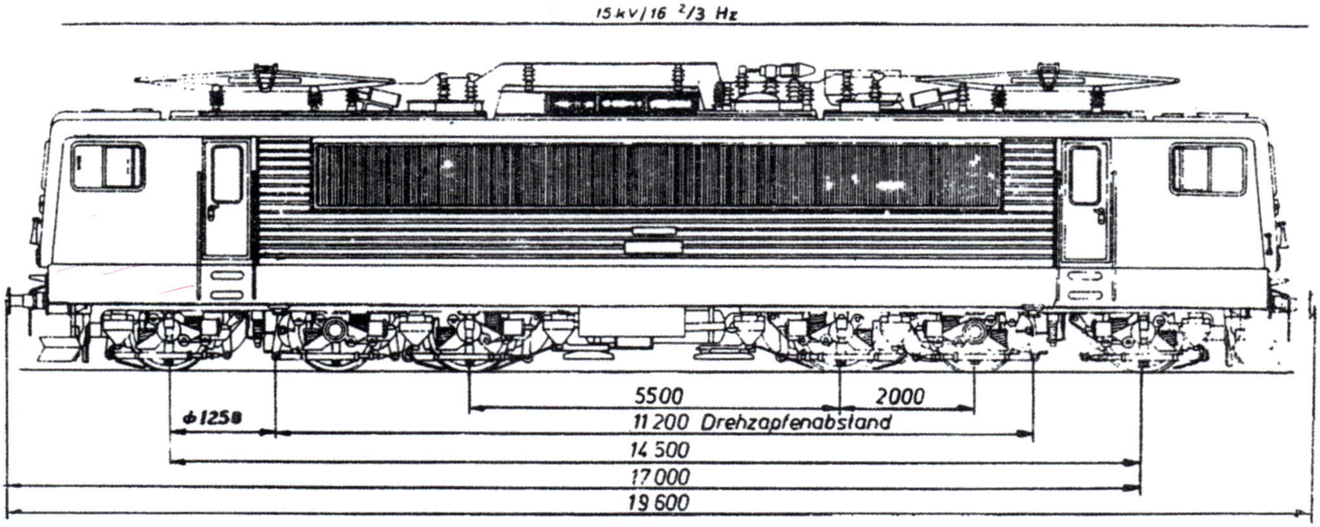

▲ Seitenansicht der sechsachsigen Güterzuglok Baureihe 250 der Deutschen Reichsbahn der DDR. *Zeichnung: Archiv transpress*

Baureihe		250/155	252/156
Länge über Puffer	mm	19.600	19.500
Treibraddurchmesser	mm	1.250	1.250
Radsatzstand gesamt	mm	15.200	14.660
Achsanordnung		Co'Co'	Co'Co'
Gewicht	t	123	120[a]/117
Höchstgeschwindigkeit	km/h	125	120
Leistung	kW	5.400	5.580
Anfahrzugkraft	kN	380	338/361[b]
Erste Indienststellung		1974	1991
Anmerkung: [a] = 156 001, [b] = mit Radsatzbelastungseinrichtung			

Baureihen 212 und 243

Aufgrund der steigenden Preise für Ölimporte aus der UdSSR beschloss die DDR im Jahr 1981 ein umfangreiches Elektrifizierungsprogramm für das Streckennetz der Deutschen Reichsbahn. Für die zusätzlichen Verbindungen, die nun elektrifiziert wurden, musste der elektrische Fahrzeugpark mit seinem Vorkriegselloks und den beiden Nachkriegsbaureihen 211 (ab 1992: 109) und 242 (ab 1992: 142) nicht nur erweitert, sondern auch erneuert werden. Auf den neuen Verbindungen waren nämlich Höchstgeschwindigkeiten vorgesehen waren, die mit den vorhandenen Loks nicht erreicht werden konnten.

Wie bei den Baureihen 211 und 242 war wieder eine Konstruktion geplant, aus der durch entsprechende Getriebeübersetzungen eine Schnellzuglok und eine langsamere Ausführung für Personen- und Güterzüge entstehen sollte.
Offiziell erhielt der VEB Lokomotivbau-Elektrotechnische Werke »Hans Beimler« (LEW) Hennigsdorf im Jahr 1980 den Auftrag zur Entwicklung dieser neuen Baureihe. Entsprechende Konstruktionsarbeiten an der neuen Lokomotiven liefen aber bereits seit Mitte der 1960er-Jahre. Schließlich wurde auf der Leipziger Herbstmesse 1982 die erste Maschine vorgesellt.

▲ Die Loks der Baureihe 112 wurden bereits mit orientrotem Kasten und weißen Kontrastflächen geliefert. Die seitliche Nummer war, wie hier bei 112 029, abweichend von der Norm groß unter dem rechten Führerstandsfenster angeschrieben (Dresden Hbf, 17. Oktober 1992).

▲ Von 1990 bis 1992 beschaffte die Deutsche Reichsbahn der DDR 40 elektrische Schnellzuglokomotiven, die sie als Baureihe 212 (später 112) einreihte. Die 160 km/h schnellen Loks waren u. a. für den Einsatz zwischen Berlin und Dresden vorgesehen. 112 012 rangiert am 21. Oktober 1992 in Dresden Hbf.

Für ihren Messeauftritt bekam die Lok einen besonderen, rot-weißen Anstrich, der ihr den Namen »Weiße Lady« einbrachte. Sie war als Schnellzuglok für eine Höchstgeschwindigkeit von 160 km/h ausgeführt, wurde aber nur für 140 km/h zugelassen und als 212 001 bezeichnet.

Ihre Konstruktion lehnte sich in vielen Punkten an die ab Mitte der 1970er-Jahre gelieferten, sechsachsigen Maschinen der Baureihe 250 an. Neu war der von LEW entwickelte Kegelringfeder-Antrieb, der den herkömmlichen Gummiringfeder-Antrieb ablöste. Auch die Flexicoil-Schraubenfedern zur Abstützung des Lokkastens waren ein Novum.

Die Lok kam nach ihrer Abnahme zum Betriebswerk Halle P und wurde von der Versuchsanstalt der Reichsbahn ausgiebig getestet. Schon während die offiziell 140 km/h schnelle Lok erprobt wurde, war klar, dass die Reichsbahn zunächst die für 120 km/h ausgelegte Variante beschaffen würde, da diese Geschwindigkeit als optimale Schnittmenge von Energie-Aufwand, Reisezeit und Ausnutzung der Streckendurchlassfähigkeit galt. Bei der Probezerlegung nach einer Laufleistung von 90.000 km im September 1983 änderte man bei der Lok das Übersetzungsverhältnis zwischen Großrad und Ritzel und nahm sie nach der erneuten Montage als 120 km/h schnelle 243 001 wieder in Betrieb. Ihren auffälligen Anstrich durfte sie dabei behalten. Um die Messergebnisse nach dem Umbau mit denen vor dem Umbau vergleichen zu können, spannte man die Lok vor die gleichen Züge wie zuvor.

Die Lok überzeugte als 212 001 ebenso wie später als 243 001. 1984 begann die Serienfertigung der neuen Baureihe 243 der DR.

Bis Anfang 1991 wurden 646 Exemplare der nun im Bordeauxrot der Reichsbahn lackierten Maschinen in mehreren Lieferserien gebaut. Sie ist damit die zahlenmäßig stärkste Baureihe der DR.

Nach dem Ende der Erprobung durch die DR ging die 243 001 an den Hersteller zurück, der sie zur Entwicklung neuer Fahrzeugkomponenten nutze. Dabei wechselte sie mehrfach den Anstrich, der Grundton blieb aber immer weiß. 1999 wurde die Lok, die inzwischen zum Adtranz-Lokpool gehörte, an die BASF vermietet, die sie vor planmäßigen Güterzügen einsetzte. Im Jahr 2000 verkaufte

▲Weil die DR zunächst keinen Bedarf an Schnellzuglokomotiven hatte, wurde nach der Prototypmaschine 212 001 ab 1984 die Mehrzweckvariante in Form der Baureihe 243 verwirklicht. Noch mit alter Reichsbahnnummer wartet 243 889 am 18. September 1990 in Dresden Hbf auf Ausfahrt.

▲ Für den S-Bahn-Einsatz im Rhein-Ruhr-Gebiet und im Nürnberger Raum bekamen einige Loks der Baureihe 143 u.a. eine neue Wendezugsteuerung und den zweifarbigen S-Bahn-Anstrich. In dieser Ausführung schiebt 143 632 am 1. März 1993 ihren Wendezug aus dem Nürnberger Hauptbahnhof.

man sie an die EKO Transportgesellschaft in Eisenhüttenstadt. Sie hat inzwischen einen orangefarbenen Lokkasten.

Die einzelnen Baulose der Serienloks unterscheiden sich äußerlich und in der elektrischen Ausstattung. So wurde ab 243 199 der Übergang zwischen Stirnseite und Lokdach nicht mehr kantig ausgeführt sondern bekam eine Ausrundung. Die 1988 gebauten Loks der Unterbaureihen 243^8 und 243^9 wurden mit einer zeitmultiplexen Doppeltraktionssteuerung ausgestattet. Anschließend wurden wieder Loks ohne diese Einrichtung gebaut und als 243^5 und 243^6 in Dienst gestellt.

Die ersten Loks der Baureihe 243 wurden in Erfurt, Halle, Leipzig und Dresden, also im Süden der DDR stationiert. Später fuhren sie auch im Norden. 1985 wurden erste Loks in Rostock beheimatet. 1987 folgten Neustrelitz und Pasewalk als Heimat-Bw.

Im Sommer 1990 mietete die Schweizer Südostbahn (SOB) die 243 922, versah sie mit nur einem Schweizer Stromabnehmer und setzte sie auf ihren Strecken ein.

Im Hinblick auf die Vereinigung beider deutscher Staatsbahnen wurden die Loks ab 1992 als Baureihe 143 in den Bestandslisten geführt.

Auch die Deutsche Bundesbahn zeigte Interesse an den Maschinen. So wurden im Herbst 1990 die nun als 143 925, 926, 928 und 929 eingereihten Maschinen in Offenburg beheimatet und auf der Rheinstrecke bzw. im Schwarzwald auf der Höllentalbahn eingesetzt. 1991 kamen die ersten Loks zum Bw Dortmund. Einige Vertreterinnen der Baureihe 143 ersetzten in den S-Bahn-Netzen Rhein-Ruhr und Nürnberg die Baureihen 111 und 141. Dazu bekamen die Loks eine zeitmultiplexe Wendezugsteuerung und den weiß/orangefarbenen Anstrich für S-Bahn-Züge.

Inzwischen sind die Lokomotiven auf nahezu allen elektrifizierten Strecken im gesamten deutschen Raum anzutreffen.

143 171 wurde für eine Höchstgeschwindigkeit von 160 km/h umgebaut. Sie bekam die Nummer 114 101 und ist in Magdeburg beheimatet. Von dort aus wird sie vor Mess- und Regelzügen eingesetzt. Ebenso wurde 143 120 in 114 301 umgezeichnet. Auch sie ist in Magdeburg zu Hause.

Fünf Lokomotiven wurden bis jetzt von Privatbahnen übernommen. So gehören die 143 179, 204 und 851 der Mitteldeutsche Eisenbahn GmbH (MEG). Die 143 069 und 874 gingen im Oktober 2007 an die RBH Logistic GmbH. Sie bekamen einen Anstrich mit blauen Köpfen und silberfarbenen Seitenwänden.

Mit der Wiedervereinigung Deutschlands stieg der Bedarf an Schnellzugloks bei der DR sprunghaft an. Die Deutsche Reichsbahn übernahm nämlich zahlreiche Produktangebobte der DB, unter anderen InterCity und InterRegio. Sie hatte aber keine passenden Loks für diese Züge. Deshalb griff man auf die 212 001 von 1982 zurück. Die DR bestellte eine erste, 40 Lokomotiven umfassende Serie, die auf der 212 001 aufbaute. Neu Technologien ermöglichten eine Leistungssteigerung gegenüber der Baureihe 243, die Höchstgeschwindigkeit wurde auf 160 km/h festgelegt. Die 1990 ausgelieferten Probelokomotiven 212 002 bis 212 005 bekamen als erste DR-Maschinen einen abweichenden Anstrich mit rotem Lokkasten und weißer Kontrastfläche an den Stirnseiten in Anlehnung an das damals aktuelle Farbschema der DB. 212 005 unterschied sich durch die ihren roten Rahmen und die große Loknummer auf den Seitenwänden von den drei Schwestermaschinen.

Im Sommer 1991 kamen 212 002 und 003 zur Betriebserprobung zur DB. Sie wurden

▲ Nachdem die Loks der Baureihe 112^0 zu DB Regio kamen, wurden diese Maschinen zur Unterscheidung von der 112^1 von DB Fernverkehr als Baureihe 114 eingereiht. 114 005 kommt mit einem Doppelstock-Wendezug am 3. September 2002 in Berlin Ostbahnhof an.

▲ Die Baureihe 112^1 ist die einzige »gesamtdeutsche« Lokbaureihe. Deutsche Bundesbahn und Deutsche Reichsbahn beschafften je 45 baugleiche Maschinen und bezeichneten sie als 112 101 bis 112 190. Die ehemalige DR-Lok 112 108 setzt sich am 1. September 2002 in Berlin-Lichtenberg vor ihren Zug.

▲ Die Loks der Baureihe 243 (ab 1992: Baureihe 143) wurden alle noch in der traditionellen Ellok-Farbgebung der DR mit bordeauxrotem Kasten und weißen Absetzflächen abgeliefert. So zeigt sich auch die als DB AG-Maschine beschriftete 143 914 am 14. Februar 2001 in Stuttgart Hbf.

▲ Die beiden auf Basis der 212 001 entwickelten Baureihen 112 und 143 geben sich in zwei unterschiedlichen Farbgebungen am 25. September 1997 in Dresden Hbf ein Stelldichein.

in Seelze stationiert und auf der IC-Linie 4a »WeserCity« eingesetzt. Die 35 weiteren Maschinen wurden zwischen August 1991 und Februar 1992 geliefert und in Berlin beheimatet.

Zwischen Dezember 1992 und Juli 1993 wurden schließlich noch einmal 45 Loks der Baureihe 112 an die Deutsche Reichsbahn und 45 baugleiche Maschinen an die Deutsche Bundesbahn geliefert. Damit ist die 112 die erste und einzige »gesamtdeutsche Wendelok« die von beiden deutschen Staatsbahnen in Dienst gestellt wurde. Die 90 Loks wurden als Unterbaureihe 112^1 bezeichnet und unterscheiden sich äußerlich durch die kleinen, einfachen Signalleuchten von den Vorgängerinnen. Sie wurden abwechselnd an die DR und die DB geliefert und im Bw Berlin Hbf beheimatet. Die DR reihte die Maschinen als 112 101 bis 146 ein, bei der DB erhielte sie die Nummern 112 149 bis 190. Die Loks wurden in ge-

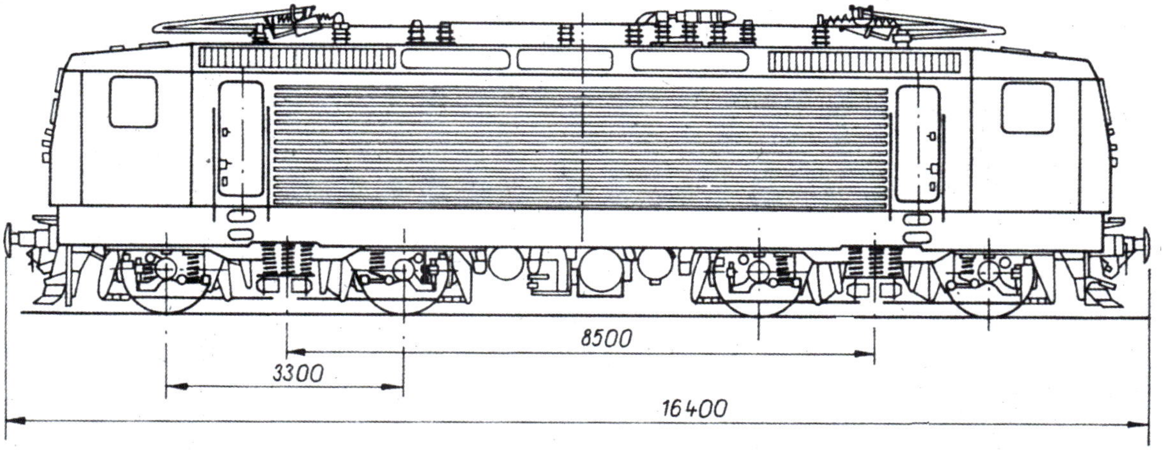

▲ *Zeichnung: Archiv transpress*

meinsamen Dienstplänen eingesetzt und bespannten hochwertige Reisezüge, bevorzugt in den neuen Bundesländern.
Heute gehören alle Loks zur DB Regio, die die 112^0 wegen ihrer Bauartunterschiede zur 112^1 als Baureihe 114 bezeichnete. Die 114 ist in Cottbus zu Hause und befördert meist aus Doppelstock-Wendezügen bestehende RegionalExpress-Züge in Richtung Großraum Berlin. Auch die 112 werden inzwischen im Regionalverkehr eingesetzt. Die Lokomotiven der Baureihe 112 sind im Norden Deutschlands zu Hause, lediglich das Werk Nürnberg bildet eine Ausnahme.
112 025 kam zum Forschungs- und Technologie-Zentrum in München und wird für Erprobungs- und Messfahrten genutzt. Sie wurde zunächst in 725 025 umgezeichnet, heute trägt sie die Nummer 114 501.

Baureihe		212/112	243/143
Länge über Puffer	mm	16.640	16.640
Treibraddurchmesser	mm	1.250	1.250
Radsatzstand gesamt	mm	11.800	11.800
Achsanordnung		Bo'Bo'	Bo'Bo'
Gewicht	t	82,0	82,0
Höchstgeschwindigkeit	km/h	160	120
Leistung	kW	4.220	3.720
Anfahrzugkraft	kN	248	240
Erste Indienststellung		1982[a]/1992	1984
Anmerkungen: [a] = 212 001			

Elloks der Deutschen Bundesbahn

Baureihen E 10, E 40, E 41 und E 50

Schon vor dem Zweiten Weltkrieg beschäftigte sich die Deutsche Reichsbahn mit einer Nachfolgebaureihe für die bewährte E 44. Sie sollte mit 2.500 kW stärker und mit einer Höchstgeschwindigkeit von 110 km/h auch schneller sein. Der Verlauf des Kriegs beendete jedoch das Projekt E 46, man stufte die Baureihen E 44 und E 94 als kriegswichtig ein und baute sie als Kriegs-Ellok (KEL) KEL 1 und KEL 2 in großen Stückzahlen.

Nach dem Krieg wurde der elektrische Zugbetrieb auf dem Gebiet der späteren Deutschen Bundesbahn bald wieder aufgenommen und schon 1948 fasste man den Entschluss die Strecke Nürnberg – Regensburg zu elektrifizieren. 1950 fiel die Entscheidung, weitere 6.000 Streckenkilometer mit Fahrdraht zu überspannen.
Den Engpass bei den elektrischen Lokomotiven überwand man zunächst durch den Nachbau bewährter Baureihen. So kamen bis

▲ E 10 1309 im Jahr 1965 im Münchener Hauptbahnhof: Die Lokomotiven der Baureihe $E\ 10^{12}$ waren u.a. für den TEE »Rheingold« vorgesehen. Sie bekamen neben einer geänderten Getriebeübersetzung für eine Höchstgeschwindigkeit von 160 km/h auch den attraktiven zweifarbigen Anstrich dieses Luxuszugs. *Foto: Jürgen Krantz*

▼ Mit den vier Baureihen der Einheitselloks gelang der Deutschen Bundesbahn ein großer Wurf. Die Maschinen lösten unzählige Dampfloks und Altbauelloks ab. 1965 treffen sich E 10 211, E 17 105 und E 41 212 im Bahnbetriebswerk Stuttgart. *Foto: Jürgen Krantz*

1955 zwei weitere Loks der Baureihe E 18 sowie zahlreiche E 44 und E 94 fabrikneu zur DB.

Es war aber abzusehen, dass diese Maschinen die Lücken auf Dauer nicht schließen konnten. Vor allem vor Schnellzügen konnten die Baureihen nicht überzeugen. Die E 18 entsprach mit ihrem starren Fahrwerk mit Federtopfantrieb und den beiden Laufachsen nicht mehr auf dem technischen Stand der Zeit und die E 44 war nicht für höhere Geschwindigkeiten ausgelegt.

Man griff den Entwurf der E 46 wieder auf und aktualisierte ihn. Schon während der Planungen entschied die DB, eine Höchstgeschwindigkeit von 130 km/h zu fordern und die Maschinen als Schnellzugloks einzuordnen. Dies hatte die Umzeichnung in die Baureihe E 10 zur Folge.

Mehrere Lokfabriken nahmen an der Ausschreibung teil. Weil die Bahn möglichst unterschiedliche Entwürfe haben wollte, beschränkte sie sich bei den Vorgaben. Sie forderte eine vierachsige Drehgestelllok, die unter anderem 700 t schwere Schnellzüge auf einer Steigung von 10 Promille mit einer Geschwindigkeit von 90 km/h befördern sollte. Für 900 t schwere Güterzüge waren bei der gleichen Steigung immerhin noch 60 km/h vorgesehen.

Im November 1950 erteilte die DB den Auftrag für vier Lokomotiven. E 10 001 kam von Kraus-Maffei und AEG, E 10 002 von Krupp

▲ Um die Wahrnehmung der dunkelblauen Maschinen bei schlechtem Wetter zu verbessern, bekam E 10 477 zwei weiße Warnstreifen an den Stirnseiten. 110 365 erhielt weiße Dreiecke. Danach wurde diese Maßnahme nicht weiter verfolgt. Erst bei der orientroten Farbvariante setzte sich die Kontrastfläche an den Stirnseiten durch. *Foto: Jürgen Krantz*

und BBC. E 10 003 lieferten Henschel und SSW, für die E 10 004 zeichneten Henschel und BBC/AEG verantwortlich. Schon einen Monat nach dieser Bestellung orderte die Bahn eine der E10 004 baugleiche Maschine, die E 10 005. Sie sollte direkt im Plandienst eingesetzt werden, während die anderen vier Loks für Tests und Erprobungen vorgesehen waren.

Die fünf Lokomotiven waren aber nicht nur als Prototypen für eine Baureihe vorgesehen. Kurz nach der Auftragsvergabe gab es erste Überlegungen für eine ganze Lokomotivfamilie, die auf den fünf E 10 basieren sollte. Neben der Schnellzuglok E 10 wurde eine Güterzuglok für Flachlandstrecken entwickelt, die E 40. Für leichte Züge war die E 41 vorgesehen und für schwere Züge auf steigungsreichen Strecken hatte man die sechsachsige E 50 im Programm. Unter der Baureihenbezeichnung E 01 sollte eine sechsachsige Schnellzuglok entstehen. Dieses Projekt ließ man aber zunächst wieder fallen, weil noch kein Bedarf an solch einer Lok bestand. Auch von einer elektrischen Rangierlok nahmen die Planer wieder Abstand.

Im Gegensatz zu den fünf Prototypen war man nun bestrebt, die Loks möglichst baugleich auszuführen. Für die E 10 und die E 40 konnte fast die gleiche Konstruktion gewählt werden. Zugkraft und Höchstgeschwindigkeit wurden über die Ausführung der Getriebe variiert. Weil die E 41 auch für Nebenstrecken vorgesehen war, wurde ihre Radsatzlast auf 17 t begrenzt. Deshalb bauten die Konstrukteure eine kürzere Lok. Für die sechsachsige E 50 waren natürlich längere Rahmen und Kasten erforderlich.

Nach ausgiebigen Untersuchungen der Vorserien-E 10 vergab die DB im Oktober 1954 einen ersten Auftrag über 91 Lokomotiven. Ende 1956 waren sieben E 10, 19 E 41 und zwei E 50 fertiggestellt. Die DB übernahm noch im selben Jahr elf Exemplare der Baureihe E 41 und stellte sie im Bw München in Dienst. Die restlichen Loks wurden erst 1957 abgenommen. Die Elektrifizierung schritt weiter voran und 1957 erreichte das elektrische Streckennetz eine Länge von mehr als 2.500 km Länge. Mit dem wachsenden Streckennetz stieg auch der Bedarf an neuen Elloks. Unter den über 130 abgenommenen Maschinen waren 1957 auch erstmals Loks der Baureihe E 40, nun waren also alle vier Baureihen im Betrieb.

Anfang der 1960er-Jahre änderte sich das Erscheinungsbild der als »Einheits-Elloks« – bei diesem Begriff hatte das Einheitslokprogramm der Deutschen Reichsbahn-Gesellschaft aus den 1920er-Jahren Pate gestanden – bezeichneten Maschinen zum ersten Mal. Die großen einfachen Stirnlampen wurden durch Doppellampen mit getrenntem weißem Spitzenlicht und rotem Schlusslicht ersetzt. Die bereits ausgelieferten Maschinen wurden aber nicht umgebaut.

Zur gleichen Zeit stellte die DB den Betrieb mit der Einphasenwechselspannung 20 kV, 50 Hz auf der Höllentalbahn ein und elektrifizierte die Strecke mit der üblichen Spannung von 15 kV, $16\frac{2}{3}$ Hz. Die bisher dort eingesetzten Elloks der Baureihe E 244 konnten also nicht weiter verwendet werden. Außerdem mussten im Höllental dringend die letzten Dampfloks der Baureihe 85 abgelöst werden. Um die Züge auf der steigungsreichen Strecke sicher befördern zu können, war eine elektrische Widerstandsbremse unerlässlich. Deshalb kamen 16 mit dieser Bremse ausgerüstete Loks der Baureihe E 44^{W} (später E 44^{11}, Baureihe 145) nach Freiburg und wurden auf der Strecke eingesetzt. Sie konnten aber nicht den gesamten Verkehr

▲ Die sechsachsigen Maschinen der Baureihe 150 hatten die Aufgabe, schwere Güter- und Reisezüge auf steigungsreichen Strecken zu befördern. 150 097 hatte am 20. Juli 2000 den Schubdienst auf der Geislinger Steige übernommen und fährt nach getaner Arbeit von Amstetten wieder hinunter nach Geislingen.

▲ Die Baureihe 140 wurde als Mehrzwecklok konzipiert und war deshalb vor Reisezug- und mittelschweren Güterzügen in ganz Deutschland zu finden. Am 22. August 1992 steht die orientrote 140 127 abfahrbereit im Kopfbahnhof der hessischen Landeshauptstadt Wiesbaden.

▼ Blick in den Führerraum der 110 494: Mit dem waagerechten Handrad wählt der Lokführer die Fahrstufen. Vor dem rechten kleinen Fenster sind die Bremshähne zu erkennen.

übernehmen. Deshalb beschloss die DB, sieben Loks der Baureihe E 40 mit einer elektrischen Widerstandsbremse, wie sie auch in der E 10 verwendet wird, ausrüsten zu lassen. Die Loks wurden als E 40 1131 bis E 40 1137 bezeichnet und bewährten sich so gut, dass kurze Zeit später die E 40 1163 bis 1166 für die Steilrampe Erkrath – Hochdahl folgten. 1964/65 wurden die E 40 1309 bis 1316 und E 40 1552 bis 1563 mit dieser Bremse geliefert. Die Loks unterscheiden sich äußerlich durch ein Lüftergitter im Dachaufbau von den normalen E 40.

1961 bereitete die DB die Einführung des TEE »Rheingold« und damit die Erhöhung der Spitzengeschwindigkeit für Schnellzüge auf 160 km/h vor. Langfristig waren sogar Geschwindigkeiten von 200 km/h geplant. Die Entwicklung der Mitte der 1950er-Jahre verworfenen sechsachsigen Schnellzuglok wurde wieder aufgenommen, allerdings nicht als Baureihe E 01, sondern als Baureihe E 03. Um Erfahrungen mit den Bauteilen und dem Fahrverhalten der Loks bei Geschwindigkeiten bis 200 km/h sammeln zu können, wurden die E 10 299 und 300 als Versuchsmaschinen für diese Geschwindigkeit zugelassen, die sie auch mehrfach erreichten.

Weil die E 03 bis zur Einführung des »Rheingold« nicht durchkonstruiert oder gar gebaut werden konnte, ließ die DB einige Loks der Baureihe die E 10 an diesen Zug anpassen. Für die neue E 10 hatte die DB sogar die Kastenform geändert. Die Front war etwas nach hinten geneigt. Ein senkrechter Knick in der Mitte, Frontschürzen und das durchgehende Lüfterband machten die »Bügelfalten«-E 10 zu einer der schönsten Loks der DB.

Für den Rheingold wurden sechs 160 km/h schnelle »Bügelfalten«-E 10 bestellt, die als E 10^{12} bezeichneten Loks konnten aber

nicht rechtzeitig geliefert werden, sodass die DB normale »Kasten«-E 10 durch einen Getriebeumbau für diese Geschwindigkeit ertüchtigen musste. Diese Loks wurden ebenfalls als E 10^{12} bezeichnet und bekamen den blau/cremefarbenen Anstrich der neuen Luxuszüge. Nachdem die richtigen E 10^{12} geliefert waren, wurden die Kastenmaschinen wieder auf 150 km/h zurückgebaut und bekamen die blaue Lackierung.
1963 wurde auch der »Rheinpfeil« auf das neue Wagenmaterial umgestellt, sodass die DB mehr schnelle E 10^{12} brauchte. Wieder wurden »Kasten«-E 10 kurzfristig umgebaut und zweifarbig lackiert. Auf die Erhöhung der Ordnungsnummer um 1000 verzichtete man allerdings. Nachdem die für den »Rheinpfeil« gefertigten E 10^{12} geliefert waren, wurden die Kastenmaschinen auch diesmal wieder zurückgebaut.
Mitte der 1960er-Jahre entschied man, die TEE-Züge rot/cremefarben zu lackieren, sodass auch die E 10^{12} entsprechend umlackiert wurden. Zur gleichen Zeit experimentierte man mit den Farben der anderen Einheitselloks. Drei E 10 bekamen unterschiedlich grau lackierte Rahmen. Auch drei Loks der Baureihe E 41 wurden mit unterschiedlichen Rahmenfarben in den Einsatz geschickt. Die neuen Rahmenfarben brachten aber nicht den gewünschten Erfolg und die Rahmen wurden wieder schwarz lackiert.
Mit der E 10 477 kam 1967 ein weiterer Sonderling in puncto Farbgebung auf die Gleise der DB. Bei ihr verzichtete man auf die Regenrinne und lackierte das Dach wie die Seitenwände blau. Dafür wurden ihr an den Stirnseiten zwei waagerechte weiße Streifen in Höhe der DB-Embleme spendiert. Der Verzicht auf die silberfarbenen Dächer wurde bei den neuen Loks übernommen, die weißen Streifen ließ man aber weg. 1975 bekam E 10 365 weiße Dreiecke an den Stirnseiten,

▲ Mit der Einführung des beige/ozeanblauen Anstrichs verloren die Loks ihre baureihenabhängigen Lackierungen. So ließen sich die Reihen 110 und 140 auf den ersten Blick nur noch an der Loknummer unterscheiden. 141 135 schiebt am 26. Juli 1992 einen aus »Silberlingen« gebildeten Wendezug aus dem Karlsruher Hauptbahnhof.

▲ An mehreren Elloks erprobte die DB andere Rahmenfarben, so hatten E 10 340, 383, 384 Rahmen in unterschiedlichen Grautönen. Die Rahmen der E 41 291 und 373 waren hellgrau und der der hier gezeigten E 41 374 ockerfarben. *Foto: Jürgen Krantz*

um sie bei schlechtem Wetter besser sichtbar zu machen. Auch sie blieb ein Einzelgänger.

Ab Mitte der 1960er-Jahre erprobte die DB automatische Mittelpufferkupplungen an Loks der Baureihe E 40. Zunächst wurde E 40 362 damit bestückt. Ab 1970 trugen auch 140 776 und 777 diese Kupplung. Später kam noch 140 793 hinzu.

1968 wurden die Lokomotiven computergerecht in die Baureihen 110, 140, 141 und 150 umgezeichnet. Die 160 km/h schnellen E 10^{12} wurden dabei als Baureihe 112 eingereiht, die E 40^{10} mit Widerstandsbremse wurden als Baureihe 139 bezeichnet.

Als Anfang der 1970er-Jahre die 200 km/h schnelle Baureihe 103 zur Serienreife gelangte, gingen der 110 einige ihrer Spitzenleistungen verloren. Weil die 103 für den TEE- und InterCity-Verkehr vorgesehen war, blieben D-Züge weiterhin das Haupteinsatzgebiet der 110.

Als letzte Einheitsellok wurde im August 1973 die 140 879 geliefert. In knapp 30 Jahren hatte die DB fast 2.000 Lokomotiven der hier vorgestellten Baureihen in Dienst gestellt. Die Einheitselloks sind damit und zahlenmäßig stärkste Lokfamilie der Deutschen Bundesbahn.

▲ Für den S-Bahn-Einsatz im Nürnberger Raum bekamen 141 436 bis 442 Zugzielanzeiger und wurden im zweifarbigen S-Bahn-Anstrich lackiert. In dieser Ausführung steht 141 438 am 19. September 1990 im Hauptbahnhof Nürnberg.

Mitte der 1970er-Jahre wechselten die Loks zum ersten Mal ihre Farbe. Die DB hatte das Farbkonzept Beige/Ozeanblau eingeführt, in das auch die Einheitselloks übernommen wurden. Sowohl die blauen 110 als auch die grünen Loks der anderen Baureihen bekamen diese Lackierung, sodass 110, 139 und 140 nur mehr oder weniger gleich aussahen. Nur die 112 behielten den beige/roten TEE-Anstrich.

Im Laufe der Jahrzehnte verschlechterte sich das Laufverhalten der Schnellzugloks mit Seriendrehgestellen. Mitte der 1980er-Jahre mussten bei den 110ern die Höchstgeschwindigkeit auf 140 km/h herabgesetzt werden, bei einzelnen Maschinen sogar auf 120 km/h. Bei den 112ern mit Seriendrehgestellen wurde die zulässige Höchstgeschwindigkeit auf 140 km/h begrenzt. Zur Unterscheidung von den noch 160 km/h schnellen Loks mit Henschel-Drehgestellen zeichnete sie die DB in die Baureihe 114 um. Ab 1. Januar 1991 wurden die schnellen Loks als Baureihe 113 bezeichnet, um die 112 für die neuen Loks der DR-Baureihe 212 freizumachen. Bei den 113 traten zu dieser Zeit erste Brüche an den Großzahnrädern des Antriebs auf, die auf eine Materialermüdung zurückzuführen waren. Die Höchstgeschwindigkeit dieser Loks musste ebenfalls auf 120 km/h verringert werden. Wegen Getriebeschäden wurden sogar mehrere 114 abgestellt. Die DB konnte aber noch nicht auf sie verzichten und begann mit einem groß angelegten Drehgestelltausch. Nachdem man Loks der Baureihe 140 ausgemustert hatte, wurden deren Drehgestelle samt Getriebe unter 18 Loks der Baureihe 110 gesetzt und machten diese damit zu langsamen Maschinen der Baureihe 139 mit elektrischer Widerstandsbremse. Mit den Drehgestellen der umgebauten 110 konnten dann die abgestellten 114 wieder flott gemacht werden. Dabei wurden sie in die Baureihe 110 überführt.

◀ Bei den ersten Loks der Baureihe E 10[12] verzichtete man noch auf die Griffe und Trittleisten an den Stirnseiten, was den Loks ein sehr glattes Aussehen verlieh. *Foto: Slg. Claus-Jürgen Jacobson*

▼ Der mechanische Teil der meisten E 10 stammt von Krauss-Maffei in München. In den 1960er-Jahren war noch viel Handarbeit nötig, um die Kästen der Lokomotiven zu fertigen. *Foto: Slg. Claus-Jürgen Jacobson*

▲ Die letzten Lokomotiven der Baureihe 150 wurden ohne silberfarbigen Dachanstrich und nur mit kurzer Dachrinne über den Stirnfenstern und Seitentüren ausgeliefert.
Foto: Slg. Claus-Jürgen Jacobson

Der zweite große Farbwechsel begann in der zweiten Hälfte der 1980er-Jahre. Diesmal wurden die Lokkästen orientrot lackiert mit einer weißen Kontrastfläche an den Stirnseiten. Jetzt traf es auch die Maschinen der Baureihen 113 und 114. Die Ausnahme bildeten mehrere Loks der Baureihe 141, die für den S-Bahn-Betrieb vorgesehen waren. Sie wurden mit hellgrauem Lokkasten und breiter orangefarbener Bauchbinde an den Anstrich der S-Bahn-Wagen angepasst.
Die vorläufig letzte Umlackierung begann Ende der 1990er-Jahre, nachdem Verkehrsrot als Basisfarbe für die Loks eingeführt wurde. Die weiße Kontrastfläche wurde verändert und der Brückenträger grau lackiert.

Nach der Gründung der DB AG zählten die Einheitselloks zum alten Eisen und wurden zur Ausmusterung vorgesehen. Zuerst traf es die Baureihe 150. Die ersten 25 dieser sechsachsigen Maschinen hatten einen einfachen Tatzlagerantrieb, während die übrigen 150 mit Gummiringfederantrieb geliefert worden waren. Zum Großteil wurden die ersten Loks, die von der großen Masse abwichen, schon 1993 ausgemustert. Die planmäßige Ausmusterung der schweren Sechsachser begann 1988. Am 31. Dezember 2003 verschwanden schließlich die letzten Loks aus dem Bestand der DB.
Die zweite, komplett ausgemusterte Einheits-Ellokbaureihe ist die 141. Mit einer kleinen Sonderfahrt wurde die verkehrsrote 141 083

▲ Einige Einheitsloks der Baureihe 139 übernahm die »Lokomotion Gesellschaft für Schienentraktion mbH«. Das Unternehmen versah die Maschinen mit einem neuen Anstrich und setzt sie vor Güter- und Sonderzügen ein. 139 177 zieht am 14. Juli 2007 einen Ganzzug des kombinierten Ladungsverkehrs (KLV) zwischen Ostermünchen und Großkarolinenfeld in Richtung Österreich. *Foto: Christof Schröfl*

am 25. Februar 2006 offiziell als letzte Maschine aus dem Plandienst verabschiedet. Die meisten der 451 Loks wurden zwischen 2000 und 2006 abgestellt und verschrottet.

Um die 110 auch weiterhin sinnvoll einsetzen zu können, ließ die DB mehrere Maschinen mit einer Wendezugsteuerung ausrüsten. Deshalb sind die meisten noch heute aktiven Loks an Regiona Express-Zügen mit Steuerwagen zu finden. Neu ist auch der Computer für den elektronischen Buchfahrplan (EBuLa) sowie die für Lokomotiven im Reisezugdienst inzwischen ebenfalls zwingend vorgeschriebene Türblockierung ab 0 km/h. Einige Loks wurden versuchsweise mit Rechnern des Leitsystems CIR-ELKE ausgerüstet.

Zwischen 2005 und 2007 übernahm die DBAutoZug Loks der Baureihe 110 und reihte sie zur Unterscheidung als Baureihe 115 ein. Die Ordnungsnummern blieben dabei erhalten. Heute bespannen sie wieder hochwertige Leistungen, meist Schlafwagen- und Autoreisezüge in ganz Deutschland und im benachbarten Ausland.

Im Jahr 2008 waren sechs Exemplare der Baureihe 110 als Museumsloks erhalten. Die Vorserienlok E 10 002 gehört der DB und ist in Lichtenfels hinterstellt, die E 10 005 steht im Bayerischen Eisenbahnmuseum in Nördlingen. Die blaue E 10 121 gehört dem DB-Museum Nürnberg. Die ebenfalls blaue 110 348 ist wie die TEE-farbene 113 311 in der Außenstelle des DB-Museum in Koblenz-Lützel zu besichtigen. Im Juni 2008 kam die E 10 239 hinzu. Sie gehört dem Lokomotiv-Club 102 e. V. in Wuppertal und erstrahlt nun wieder als »TEE-Übergangslok« E 10 1239 in kobaltblau/cremefarbener Lackierung.

Von der Baureihe E 40 wurde bis jetzt nur die wieder grün lackierte E 40 126 in den Museumsbestand übernommen. Während von der E 41 acht Loks erhalten blieben, darunter die blaue E 41 001 der DB, haben von der Baureihe E 50 nur zwei Exemplare überlebt. Die grüne E 50 091 gehört der DB und steht in Koblenz-Lützel. Die verkehrsrote 150 186 wird vom Süddeutschen Eisenbahnmuseum in Heilbronn betreut.

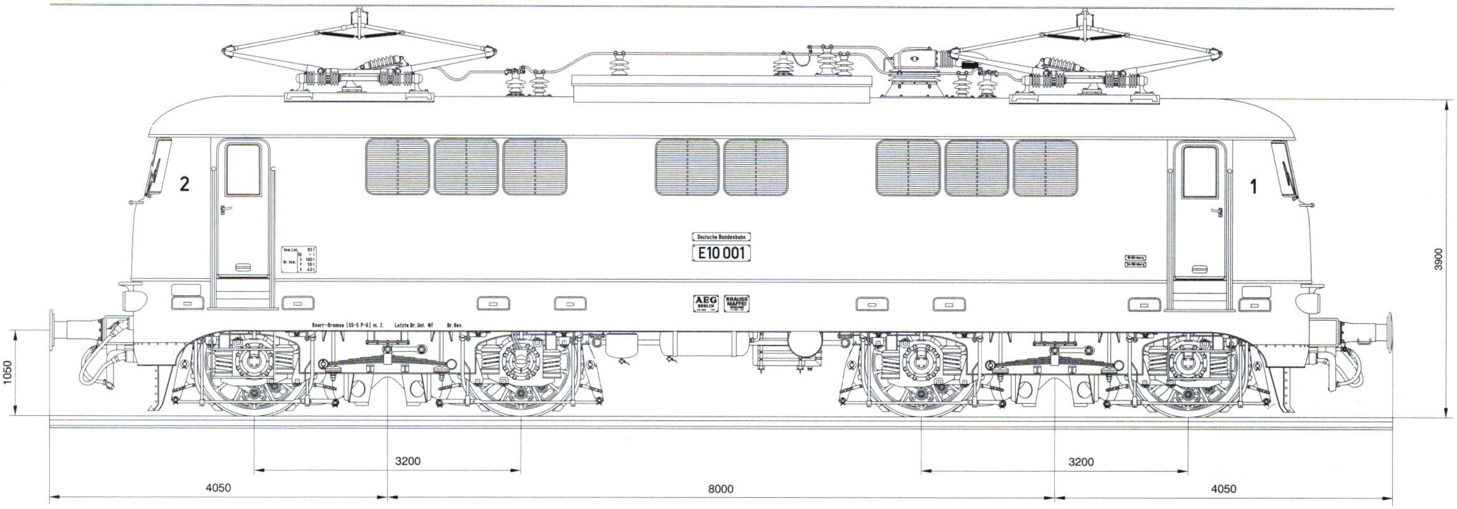

▲ Seitensicht der E 10 001 der DB. Sie war der Urahn aller DB-Einheitselloks, von denen knapp 2.000 Lokomotiven in vier Baureihen gefertigt wurden. *Zeichnung: Gernot Bahr*

Baureihe		E 10[1]	E 40	E 41	E 50
Länge über Puffer	mm	16.440	16.440	15.200	19.490
Treibraddurchmesser	mm	1.250	1.250	1.250	1.250
Radsatzstand gesamt	mm	11.300	11.300	10.500	13.300
Achsanordnung		Bo'Bo'	Bo'Bo'	Bo'Bo'	Co'Co'
Gewicht	t	84,6	83	66,4[a]/72,5[b]	126[c]/128[d]
Höchstgeschwindigkeit	km/h	150	110	120	100
Leistung	kW	3.700	3.700	2.400	4.500
Anfahrzugkraft	kN	275	275	206	441[c]/443[d]
Erste Indienststellung		1957	1957	1956	1957
Anmerkungen: [a] = E 41 001 bis E 41 446, [b] = E 41 447 bis E 41 451, [c] = E 50 001 bis E 50 024, [d] = E 50 025 bis 150 194					

Baureihe 103

▲ Mit den vier Vorserienlokomotiven E 03 001 bis 004 begann Mitte der 1960er-Jahre das Zeitalter des Schnellverkehrs bei der Deutschen Bundesbahn. Die erste Lok dieser Baureihe bleibt der Nachwelt erhalten und wird auf einer Ausstellung am 20. August 2005 in Berlin-Schöneweide gezeigt.

Zu Beginn der 1960er-Jahre plante die DB die Erweiterung des TEE-Netzes. Nun sollten auch Höchstgeschwindigkeiten von 200 km/h gefahren werden, deshalb wurden E 10 299 und E 10 300 als Probeloks eingesetzt. Die Erkenntnisse und Erfahrungen aus den Versuchen mit diesen Loks flossen in die vier Prototypen der Baureihe E 03 ein.

Die DB beauftragte im März 1961 die deutsche Lokomotivbau- und Elektroindustrie mit der Entwicklung und dem Bau einer Schnellfahrlokomotive, die in der Lage sein sollte, einen 400 t schweren Schnellzug in der Ebene mit 200 km/h zu befördern. Bei einer Steigung von 5 Promille sollte die Anhängelast bei 200 km/h immer noch 300 t betragen.

Um die geforderte hohe Leistung sicher auf das Gleis zu bringen und die zulässigen Radsatzlasten einzuhalten, plante man eine sechsachsige Maschine, obwohl zweiachsige Drehgestelle für hohe Geschwindigkeiten lauftechnisch besser geeignet sind.

Die Entwicklungsarbeit sollte möglichst gering bleiben, deshalb wurden im Vorfeld theoretische Überlegungen angestellt und bekannte Komponenten auf ihre Tauglichkeit im Hochgeschwindigkeitsbereich überprüft.

Im Herbst 1961 lieferten die Lokomotivfabriken Henschel, Krupp und Krauss-Maffei Entwürfe für den mechanischen Teil. Für den elektrischen Teil reichten Brown, Boveri & Cie (BBC) in Mannheim, die Siemens-Schuckert-Werke (SSW) in Berlin sowie die Allgemeine Elektricitäts-Gesellschaft (AEG) in Berlin ihre Vorschläge ein.

Interessant war der Vorschlag von Krupp, bei dem nur zwei Achsen je Drehgestell als Antriebsachsen benutzt werden sollten [Achsfolge (1 Bo)(Bo 1)]. Die dritte Achse diente als Laufachse zur Verteilung des Fahrzeuggewichts. Bei einer Traktionsleistung von 5.000 kW war also eine Leistung von 1.250 kW pro Radsatz und Fahrmotor vorgesehen.

Die Indienststellung und die ersten Einsätze der Lokomotiven waren für den Sommer 1965 zur »I. Internationalen Verkehrsausstellung« (IVA) in München vorgesehen.

Für die Verantwortlichen war es zunächst schwierig, sich auf ein Antriebskonzept zu einigen. Der Federtopfantrieb wurde für die Baureihe E 03 verworfen, stattdessen wur-

▲ Neben den Leistungen im Euro- und InterCity-Verkehr gehörte auch die Beförderung von InterRegios zu den Aufgaben der Baureihe 103. Die ehemals für eine Geschwindigkeit von 250 km/h zugelassene Versuchslok 103 118 hat mit dem IR 2268 am 6. Juni 1996 in Stuttgart ihre Fahrt nach Karlsruhe angetreten.

den der Verzweigerantrieb und Gummiringkardanantrieb in den Vorserienlokomotiven getestet. Bei den umfangreichen Versuchsfahrten sollte sich schließlich der Gummiringkardanantrieb durchsetzen und in den Serienloks Verwendung finden. Für diese Versuchsfahrten hatte man vier äußerlich gleiche Maschinen gebaut. Sie wurden unter den Betriebsnummern E 03 001 bis E 03 004 in Dienst gestellt. Zunächst war man von zwei Probelokomotiven ausgegangen. Bald zeigte sich jedoch, dass sie nicht ausreichten, um die vielfältigen Vorschläge zu testen.

Nach den Sondereinsätzen im Rahmen der Internationalen Verkehrsausstellung in München wurde zum Sommerfahrplan 1966 erstmals ein eigener Umlauf für die E 03 erstellt. Als 1970 die ersten Serienlokomotiven geliefert wurden, verdrängten sie bald die Vorserienlokomotiven der Baureihe 103^0 aus den Plandiensten.

Im Frühjahr 1974 standen dem BZA Minden alle vier Lokomotiven zu Messfahrten zur Verfügung. Weil das BZA aber nicht ständig alle Loks benötigte, konnte zwischen 1974 und 1976 ein eintägiger Umlauf eingerichtet werden. Zum Sommerfahrplan 1980 endete schließlich der planmäßige Einsatz der Baureihe 103^0.

Ende der 1980er-Jahre lösten die fünf Vorserienlokomotiven 120 001 bis 120 005 die inzwischen als Baureihe 750 bezeichneten 103^0 im Dienst für die Versuchsämter ab. Die fast 30 Jahre alten Sechsachser konnten nun abgestellt werden. Mit E 03 001, 002 und 004 blieben immerhin drei Viertel der Baureihe E 03^0 erhalten.

Nachdem die vier Vorserienlokomotiven der Baureihe E 03 ausgiebig getestet und verbessert worden waren, beschaffte die DB zwischen 1972 und 1974 eine Serie von 145 Maschinen, die als Baureihe 103^1 bezeichnet wurde. Die Loks ab 103 216 unterscheiden sich von den vorausgegangenen Lieferungen durch ihre 100 mm längeren Führerräume, was die Arbeitsbedingungen für den Lokführer erheblich verbesserte, da endlich Platz für einen bequemen Stuhl vorhanden war. Insgesamt verlängerte man die Loks

▲ Die 200 km/h schnelle Baureihe 103 war einst der Stolz der DB. Sie wurde im schweren IC- und EC-Dienst eingesetzt und ist inzwischen von der Baureihe 101 abgelöst. 103 235 gehört zu den wenigen erhaltenen Exemplaren. Am 6. Mai 2007 zieht sie einen Sonderzug auf der Güterumgehungsbahn an der Landeshauptstadt Stuttgart vorbei.

ab der 5. Bauserie um 700 mm. Zunächst zogen die Loks hauptsächlich TEE- und die neuen einklassigen InterCity-Züge. Nachts bespannten sie Postzüge und schnelle Güterzüge.

Mit der Einführung des zweiklassigen IC-Systems im Stundentakt im Jahr 1979 wurden die Loks erst so richtig gefordert. Die meist aus mehr als zehn Wagen bestehenden Züge mussten auf vielen Strecken mit einer Geschwindigkeit von 200 km/h befördert werden. Ihre ständige Präsenz in den größeren Bahnhöfen, ihr Einsatz vor den seinerzeit schnellsten Zügen der DB sowie ihr Erscheinen in der Fernsehwerbung der DB brachte den Lokomotiven einen sehr großen Bekanntheitsgrad bei sämtlichen Altersgruppen ein, der weit über die Grenzen der damaligen Bundesrepublik hinausging. Diese Popularität nutzte die DB häufig für die Werbung.

Mit der Ablieferung der Baureihe 120 bekam die 103 ab 1988 zum ersten Mal ernsthafte Konkurrenz, zumal auf den neu gebauten Schnellfahrstrecken nur druckertüchtigte Loks eingesetzt werden durften, zu denen die 103 nicht gehörte. Ab 1991 verdrängte der ICE weitere 103 aus dem IC-Dienst. Zwar stieg durch die Wende der Bedarf, weil hochwertige IC- und IR-Verbindungen nach Berlin und in die neuen Länder mit 103 bespannt wurde, aber mit dem Erscheinen der Baureihe 101 ab 1997 war die große Zeit der 103 endgültig vorbei.

Durch ihre Einsätze vor schweren Schnellzügen zeigten die Maschinen ab Anfang der 1990er-Jahre zunehmend Verschleißerscheinungen. Defekte und Ausfälle nahmen zu. 1992 musste die Höchstgeschwindigkeit bei einzelnen Maschinen auf 160 km/h begrenzt werden, weil die Drehdämpfer der Drehgestelle nach 20 Betriebsjahren unter zunehmendem Verschleiß litten. Nun konnten die Lokomotiven nicht mehr freizügig genutzt werden. Ihr Einsatz beschränkte sich auf »langsame« Strecken. Bei besonders stark verschlissenen Loks musste die Höchstgeschwindigkeit sogar auf 100 km/h begrenzt werden.

Bis 1997 blieb der Bestand mit Ausnahme weniger, unfallbedingter Ausmusterungen mehr oder weniger konstant. Aber spätestens jetzt waren die Lokomotiven so verschlissen, dass immer mehr und immer größere Reparaturen anfielen. Der steigende Aufwand, fehlende Ersatzteile und die Anlieferung neuer Lokomotiven führten schließlich dazu, dass die DB entschied, die Lokomotiven der Baureihe 103 abzustellen. Die ausgemusterten Maschinen lieferten dringend benötigte Ersatzteile für besser erhaltene Exemplare.

▲ Für Presseaufnahmen wurde E 03 002 als E 03 001 beschildert und zwischen Bamberg und Lichtenfels bei Staffelstein in Position gefahren. Rechts ist die Wallfahrtskirche Vierzehnheiligen zu erkennen. *Foto: Werkfoto Siemens*

▲ Als einzige Vertreterin ihrer Baureihe bekam 103 233, die hier am 27. August 2003 im Karlsruher Hauptbahnhof steht, mit Unterstützung des österreichischen Modellbahnhersteller Roco den verkehrsroten Anstrich.

Erhaltene Loks der Baureihe 103

E 03 001: Verkehrsmuseum Nürnberg
E 03 002: Freizeitpark Spatzenpark, Herrnried
E 03 004: Bw Lichtenfels
103 101: Eisenbahnmuseum in Darmstadt-Kranichstein (Dauerleihgabe der DB)
103 113: DB-Museum, Koblenz-Lützel
103 132: DB-Museum (unzugänglich)
103 136: Bayerisches Eisenbahnmuseum, Nördlingen (Dauerleihgabe der DB)
103 167: Lokwelt Freilassing
103 184: DB-Museum, betriebsfähig
103 197: Freizeitpark Spatzenpark, Herrnried
103 220: Eisenbahnmuseum Neustadt/Weinstraße
103 222: DB Systemtechnik, betriebsfähig (Höchstgeschwindigkeit: 280 km/h)
103 224: Deutsches Dampflokmuseum, Neuenmarkt-Wirsberg (Dauerleihgabe der DB)
103 226: Lokomotiv-Club 103 (Dauerleihgabe der DB)
103 233: DB-Museum, Koblenz-Lützel
103 235: DB Systemtechnik München
103 245: DB (Museumslok, noch im Einsatzbestand)

Baureihe		103[1]
Länge über Puffer	mm	19.500[a]/20.200[b]
Treibraddurchmesser	mm	1.250
Radsatzstand gesamt	mm	14.100
Achsanordnung		Co'Co'
Gewicht	t	114
Höchstgeschwindigkeit	km/h	200
Leistung	kW	7.080
Anfahrzugkraft	kN	312
Erste Indienststellung		1971
Anmerkungen: [a] = 103 101 bis 175, 177 bis 215 , [b] = 103 176, 216 bis 245		

Ab Mitte 2003 war praktisch keine 103 mehr im Plandienst. Einige wenige wurden zu dieser Zeit noch als Reserveloks und für Sonderdienste vorgehalten. 103 184 zog im August 2003 als letzte Lokomotive dieser Baureihe einen planmäßigen InterCity.

Im Herbst 1997 wurde die 103 245 offiziell in den Museumslokbestand der DB aufgenommen und im Ausbesserungswerk aufgearbeitet. Die ehemals orientrote Lokomotive erhielt einen Neuanstrich in Weinrot und Beige mit dunklem Rahmen und silberfarbigen Lüftern. 2008 war sie in München beheimatet und wurde nach wie vor sporadisch vor Reisezügen eingesetzt.

Neben den drei Vorserienloks und der 103 245 blieben noch viele andere 103 der Nachwelt erhalten. Es sei noch angemerkt, dass sich das Eisenbahnmuseum Chemnitz-Hilbersdorf um die 103 109, die erstgebaute Serienlok bemühte. Die Lok war dem Museum bereits zugesprochen worden, doch leider wurde versäumt, die Mitarbeiter im Werk Hamburg-Edelstedt zu informieren. Sie verwendeten die Lok als Ersatzteilspender und entnahmen ihr so viele Teile, dass eine Erhaltung nicht mehr in Frage kam.

In den 1970er- und 1980er-Jahren setzte die DB die Lokomotiven der Baureihe 103 gerne in der Werbung ein, verkörperten die formschönen Loks doch gleichermaßen Stärke, Schnelligkeit und Modernität. Im Jahr 1983 führte dieser Einsatz zu einem kleinen »Werbekrieg« zwischen der Staatsbahn und dem italienischen Autohersteller Fiat. Letzterer hatte dabei die Werbung für die Baureihe 103 als Zweitwagen einfach wörtlich genommen (bitte im Uhrzeigersinn lesen). *Abbildungen: Sammlung Dominik Stroner*

Baureihen 111, 151 und 181

Zu Beginn der 1970er-Jahre waren die Anforderungen an die Zugkraft und die Höchstgeschwindigkeit von Güterzuglokomotiven so stark angestiegen, dass die DB mit der Entwicklung einer neuen sechsachsigen Güterzuglok begann. Vor allem die alten Elloks der Baureihen 193 und 194 waren den Anforderungen nicht mehr gewachsen und mussten ersetzt werden. Der technische Fortschritt ermöglichte es, Lokomotiven zu konstruieren, die sogar das Leistungsprogramm der Baureihe 150 übertrafen. Ein 1.000 t schwerer Güterzug musste nun auf einer Steigung von 5 Promille mit 120 km/h befördert werden können. Bei einer Anhängelast von 1.200 t wurden auf der gleichen Steigung 100 km/h und bei 2.000 t schweren Zügen 80 km/h gefordert.

Wie bei den Lokomotiven der Baureihe 103 stützt sich der Rahmen der neuen Maschinen nicht über einen Drehzapfen, son-

▲ In den 1970er- und 1980er-Jahren prägten die Farben Ozeanblau und Beige das Bild der Deutschen Bundesbahn. Neben den Lokomotiven bekamen auch Trieb- und Reisezugwagen diesen Anstrich. Als eine der letzten Vertreterinnen dieses Farbkonzept erreicht 111 226 am 26. Oktober 2006 mit einem RegionalExpress aus Ulm den Stuttgarter Hauptbahnhof.

▲ Die sechsachsigen Güterzugloks der Baureihe 151 ergänzten die Flotte der Baureihe 150. Für die Beförderung schwerer Erzzüge bekamen einige Loks wie die 151 090 eine automatische Mittelpufferkupplung. Am 7. August 1981 wartet sie im Betriebswerk Regensburg auf neue Aufgaben.

dern über Flexicoil-Federn auf die dreiachsigen Drehgestelle ab. Auch haben die drei abnehmbaren Dachhauben der 151 keine tragende Funktion.

Im Gegensatz zur bisher üblichen Vorgehensweise wurden von der 151 keine Vorserienlokomotiven gefertigt. Nach der Entwicklung begann 1973 direkt die Serienlieferung, die 1977 mit der 151 170 endete. Die ersten Lokomotiven kamen zum Betriebswerk Hagen-Eckessey und wurden auf der steigungsreichen Ruhr-Sieg-Strecke eingesetzt. Später gebaute Loks wurden in Nürnberg beheimatet.

Während der Fertigung der Baureihe 151 lief, änderte die DB das Anstrichschema ihrer Loks. Deshalb wurden die 151 001 bis 075 noch in traditionellem Grün abgeliefert, alle späteren Loks bekamen den beige-ozeanblauen Anstrich.

151 089 bis 099 und 151 114 bis 122 wurden in den 1980er-Jahren mit einer automatischen Mittelpufferkupplung Bauart Unicoupler ausgerüstet. Sie beförderten in Doppeltraktion 5.400 t schwere Erzzüge von Nordenham und dem Hamburger Hafen zu den Stahlwerken Peine-Salzgitter und ins Saarland.

Heute gehören die Loks zu Railion-Deutschland und werden von Nürnberg aus beinahe im gesamten Bundesgebiet eingesetzt. Sie sind noch fast vollzählig im Unterhaltungsbestand. Nur 151 054, 072, 117, 120 und 158 wurden nach schweren Unfällen bereits ausgemustert.

▲ Mitte der 1980er-Jahre begann die DB mit Farbversuchen, um das ozeanblau/beige Farbkleid abzulösen. Während 111 068 von der DB gestaltet wurde, stammt der Entwurf an der 111 069 von einem privaten Designbüro. *Foto: Claus-Jürgen Jacobson*

Entwicklung und Bau der Baureihe 181 hat ihren Grund im Ausbau der elektrifizierten Streckennetze in ganz Europa. Sie führte dazu, dass die unterschiedlichen Stromsysteme der einzelnen Bahnverwaltungen an den Ländergrenzen aufeinander trafen. Zwar wäre es sinnvoll gewesen, auch elektrisch bespannte Züge mit der gleichen Lok über die Grenzen hinweg zu befördern, wegen unterschiedlicher Spannungen und abweichender Geometrie der Oberleitung war dies allerdings nicht möglich. An den unterschiedlichen Systemen ließ sich nichts ändern. Um dennoch den Lokwechsel an den Grenzen zu vermeiden, blieb also nur die Entwicklung von Lokomotiven, die unter mehreren Stromsystemen fahren können.

Mit den drei Loks der Baureihe E 320 (später 182) hatte die DB schon 1960 die ersten Mehrsystemmaschinen beschafft, die Technik war aber noch nicht so weit fortgeschritten, dass eine störungsfreier Betrieb gewährleist war. 1967 unternahm die Bundesbahn mit den Loks der Baureihen E 310 (181^0) und E 410 (184) einen weiteren Versuch. Die E 310 war als Zweisystemlok unterwegs, die E 410 konnte unter vier Stromsystemen eingesetzt werden. Auch diese Maschinen hatten noch zahlreiche Probleme und Mängel.

1972 entschloss sich die DB, die Moselstrecke zwischen Koblenz und der französischen bzw. luxemburgischen Grenze zu elektrifizieren. Hierfür wurde eine größere Zahl von Zweisystemloks gebraucht. Die Betriebssicherheit der Probeloks war inzwischen so hoch, dass sie eine Serienbestellung rechtfertigte. 1972 orderte die DB bei Krupp und AEG 25 als Baureihe 181^2 bezeichnete Schnellzugloks. Die Auslieferung begann im September 1974 und wurde im Juni 1975 mit der 181 225 abgeschlossen. Bis 181 209 waren die Loks blau lackiert, danach beige/ozeanblau. Wegen des kleineren französischen Lichtraumprofils mussten die Loks niedriger als die anderen DB-Maschinen ausgeführt werden, deshalb wurden die Lüfter und Seitenfenster bis in die Dachrungen hinaufgezogen.

▲ Beim orientroten Anstrich wurden auch die Rahmen in dieser Farbe lackiert, was den Loks ein gedrungeneres Aussehen verlieh. Mit einem Güterzug fährt die 151 131 am 22. Juli 2001 durch den Hauptbahnhof Karlsruhe.

Die Maschinen beförderten vor allem Schnellzüge in Richtung Heidelberg und Frankfurt (Main), später fuhren die Loks bis Straßburg und Stuttgart. Vier Loks tragen geografische Namen: 181 211 »Lorraine«, 181 212 »Luxembourg«, 181 213 »Saar« und 181 214 wird »Mosel« genannt. Sie sind die einzigen Loks der DB, die »getauft« wurden. Erst bei der DB AG wurde bei den ICE-Zügen die Namensgebung fortgesetzt.
Nach dem Start des ICE-Verkehrs zwischen Frankfurt und Paris, bzw. dem TGV-Verkehr zwischen München/Stuttgart und Paris schrumpfen die Einsatzgebiete der Baureihe 181 kontinuierlich. Mit 181 202 und 217 sind auch schon die ersten Maschinen aus dem Bestand ausgeschieden. Viele weitere sind von einer Untersuchung zurückgestellt.

Eine weitere Baureihe, die die Deutsche Bundesbahn in den 1970er-Jahren in Dienst stellte, ist die Baureihe 111. Sie baut auf der Baureihe 110 auf, wurde aber auf den neuesten Stand der Technik gebracht. Sie hat verbesserte Drehgestelle und einen ergonomisch eingerichteten Führerraum.
Die elektrischen Aggregate sind rechts und links eines Mittelgangs im Maschinenraum angeordnet. Die Kühlluft wird durch die Seitengitter direkt zu den Aggregaten geleitet und nicht wie bei der 110 zuerst in den Maschinenraum gesaugt. Damit konnte die Verschmutzung des Innenraums erheblich reduziert werden. Die 111 war die erste Baureihe die von Anfang an im neuen Farbschema Beige und Ozeanblau geliefert wurde. Die erste Maschine kam im Januar 1975 auf die Gleise der DB, die letzte, die 111 227, im Oktober 1984.

Am 27. März 1982 starteten Lufthansa und die DB ein gemeinsames Projekt: Zwischen Düsseldorf Hbf und Frankfurt (Main) richteten sie eine Verbindung ein, die auf der Schiene statt mit dem Flugzeug bedient wurde.
Für diese Aufgabe wurden die drei Elektrotriebwagen der Baureihe 403/404 aufgearbeitet und entsprechend den Wünschen der Lufthansa in den Farben der Fluggesellschaft lackiert. Nur Kunden der Lufthansa durften mit entsprechenden Flugtickets diese Züge benutzen.
Ein Jahr später wurde eine zweite Linie zwischen Stuttgart Hbf und Frankfurt (M) Flughafen eingerichtet. Weil die Triebwagen der Baureihe 403/404 auf der anderen Linie gebunden waren, hielt man nach neuen Fahrzeugen Ausschau. Die Wahl fiel schließlich auf einen lokbespannten Zug, der einmal täglich in beide Richtungen verkehrte. Zuglok war die 111 049, die mit gelb/grauem Anstrich an den Zug angepasst wurde. Ab dem Sommerfahrplan 1989 wurde die Verbindung mit täglich zwei Zugpaaren bedient, die Fahrzeit betrug genau zwei Stunden.
Zum Sommerfahrplan 1991 ging der erste Abschnitt der Neubaustrecke Stuttgart – Mannheim in Betrieb und der »Airport-Express« sollte über diese Strecke geführt werden. Mit ihren 160 km/h war die 111 049 dafür zu langsam. Deshalb entschied man sich für 103 101 als neue Zuglok. Weil die Lok nicht druckertüchtigt war, musste man beim Erstellen der Fahrpläne darauf achten, dass es auf der Schnellfahrstrecke nicht zu Zugbegegnungen in Tunneln kommen konnte. Die verkürzte Fahrzeit von ca. 85 Minuten ermöglichte es der 103 täglich vier Zugpaare zu befördern. Zum Winterfahrplan 1992/93 endete der Einsatz der Airport-Express-Züge. Die Lok kam wieder in den normalen Dienst und bekam einen orientroten Anstrich.

▲1990/91 wurde 111 049 vor dem »Lufthansa Airport Express« eingesetzt. Der von der Lufthansa bestellte Zug verband Stuttgart mit dem Flughafen Frankfurt (Main) und konnte nur von Fluggästen der Lufthansa mit entsprechenden Tickets benutzt werden (Stuttgart Hbf, 21. Juli 1990).

▲ Für einen durchgehenden Lokeinsatz nach Frankreich und Luxemburg beschaffte die DB Mitte der 1970er-Jahre 25 Zweisystemmaschinen der Baureihe 181. Als Schnellzugloks bekamen die ersten noch den blauen Anstrich, später wurde sie in Ozeanblau/Beige geliefert. 181 206 ist als Museumslok vorgesehen und hat deshalb noch die alte Farbgebung. Am 30. Juli 2007 wartet sie in der Sommerhitze des Karlsruher Hauptbahnhofs auf ihren Zug.

Die Lokomotiven wurden mit Einholmstromabnehmern geliefert. Weil diese aber auf der schnell fahrenden 103 gebraucht wurden, bekam die 111 im Rahmen eines groß angelegten Stromabnehmertauschs Scherenstromabnehmer. Erst als alle 103 Einholmabnehmer hatten, durften die neu gebauten 111 ihre Einholmabnehmer behalten.
Die Lokomotiven 111 111 bis 188 waren für den S-Bahn-Betrieb im Rhein-Ruhr-Gebiet vorgesehen. Sie bekamen dafür eine zeitmuliplexe Wendezugsteuerung (ZWG) und einen eigenen Anstrich mit grauem Kasten und einer breiten orangefarbenen Bauchbinde. Ab 1992 übernahmen Loks der Baureihe 143 von der Deutschen Reichsbahn den S-Bahn-Dienst, sodass die 111 in den Schnellzugdienst wechseln konnten, wo sie dringend benötigt wurden.
1986 stellte die DB ein neues Farbkonzept für ihre Fahrzeuge vor. 111 068 diente dabei als Versuchsträger. Die Lok bekam einen orientroten Kasten, der mehrfach mit unterschiedlichen Absetzstreifen und Kontrastflächen dekoriert wurde. Zeitweise war sie sogar mit zwei unterschiedlichen Entwürfen gleichzeitig unterwegs. 111 069 wurde von einem privaten Designbüro lackiert. Sie hatte einen himbeerroten Kasten mit einem grauen Rahmen. Lüfter und Seitenfenster waren blau umrahmt. Diese Version konnte sich nicht durchsetzten und die orientrote 111 068 wurde zum Muster für die bis Ende der 1990er-Jahre gültige Lackierung.
111 030 machte als dunkelblaue »Vampirlok« 2005 Werbung für das Musical »Tanz der Vampire« und seit 30. Mai 2008 ist 111 027 als Jubiläumslok für »850 Jahre München« mit silberfarbigen Folien beklebt.
2008 gehörten die Loks zur DB Regio und waren meist mit Regionalexpress-Zügen aus ehemaligen »Silberlingen« oder neuen Doppelstockwagen unterwegs.
Zwei 111 wurden bisher verschrottet. 1981 kam es in Österreich

▲ Die Baureihe 111 ist die direkte Nachfolgerin der Baureihe 110. Sie wurde nach den Erkenntnissen der 1970er-Jahre gebaut und ist heute im Regionaldienst anzutreffen. 111 001 steht am 16. Juni 2007 mit einem RegionalExpress abfahrbereit in Ulm Hbf.

zu einem schweren Unfall, bei dem die erst drei Jahre alte 111 109 so schwer beschädigt wurde, dass sie noch an Ort und Stelle zerlegt wurde. 111 004 stieß am 24. November 2006 auf einem Bahnübergang bei Eschenlohe mit einem LKW zusammen. Ihre Wiederaufarbeitung unterblieb aus wirtschaftlichen Gründen. Im Mai 2008 wurde sie zusammen mit zwei 110 zum Schrotthändler gefahren.

◀ Obwohl die Zweisystemloks der Baureihe 181 zur Ausmusterung vorgesehen sind, bekamen einige noch den verkehrsroten Anstrich. In dieser Ausführung rangiert 181 205 am 30. Juli 2004 in Karlsruhe Hbf.

▲ Seitenansicht und Stirnansicht Baureihe 111 im ozeanblau/beigefarbenen Ursprungsanstrich. *Zeichnung: Peter Erdmann*

Baureihe		111	151	181[2]
Länge über Puffer	mm	16.750	19.490	17.940
Treibraddurchmesser	mm	1.250	1.250	1.250
Radsatzstand gesamt	mm	11.300	15.060	12.000
Achsanordnung		Bo'Bo'	Co'Co'	Bo'Bo'
Gewicht	t	83	118	82,5
Höchstgeschwindigkeit	km/h	160	120	160
Leistung	kW	3.620	6.300	3.300
Anfahrzugkraft	kN	274	441	277
Erste Indienststellung		1975	1973	1974

Baureihe 120

Obwohl der langjährige AEG-Chefkonstrukteur Michael von Dolivo-Dobrowolsky (1862–1919) schon 1889 den wartungsarmen Drehstrommotor erfunden hatte, wurden Elloks bis in die 1970er-Jahre mit Gleich- oder Wechselstrommotoren angetrieben. Dies lag unter anderem am hohen Aufwand den die mehrphasige Fahrleitung erforderte. Zwei Triebwagen mit Drehstromantrieb hatten zwar 1903 auf der Versuchsbahn zwischen Marienfelde und Zossen Rekordgeschwindigkeiten über 210 km/h erreicht. Doch eine der Voraussetzungen war eben die komplizierte Fahrleitung mit ihren drei Phasen gewesen.

▲ 120 145 am 31. August 1991 im Hauptbahnhof Stuttgart: Die 60 Serienmaschinen der Baureihe 120 waren die ersten Loks der DB, die in Orientrot abgeliefert wurden.

Erst 1971 wandte sich die Bahnindustrie wieder dem Thema Drehstromantrieb zu. BBC und Henschel fertigten unter der Bezeichnung DE 2500 drei dieselelektrische Lokomotiven mit Drehstrom-Asynchron-Fahrmotoren. Diese Motoren sind kleiner und leichter als vergleichbare Wechsel- oder Gleichstrommotoren und haben einen höheren Wirkungsgrad. Bei den DE 2500 erzeugt ein Dieselmotor mit angeflanschtem Generator den Drehstrom für die Fahrmotoren. Mitte der 1970er-Jahre wurde die 202 002, wie sie bei der DB hieß, umgebaut. Dieselmotor und Generator wurden ausgebaut und die Lok fest mit einem Messwagen gekuppelt, der die Fahrspannung aus der Oberleitung entnahm.

Nach der Auswertung der Ergebnisse bekam BBC den Auftrag, eine Ellok mit Drehstrom-Asynchron-Motoren zu entwickeln. Die Universallok sollte 700 t schwere Schnellzüge mit 160 km/h befördern können. Für Züge über 2.000 t waren 80 km/h vorgeschrieben. Nachdem die Hersteller ihre Entwürfe vorgelegt hatten, bestellte die DB fünf Lokomotiven, die 1980 und 1981 geliefert wurden. Die elektrische Ausrüstung aller Maschinen kam von BBC. Thyssen-Henschel und Krupp lieferten je zwei Loks, 120 002 wurde von Krauss-Maffei hergestellt. Obwohl nur eine Höchstgeschwindigkeit von 160 km/h gefordert wurde, waren die Loks für 200 km/h ausgelegt, die nach dem Einbau der Linienzugbeeinflussung PZB 80 auch gefahren wurden. Am 17. Oktober 1984 stellte die 120 001 mit 265 km/h sogar einen Weltrekord für Lokomotiven mit Drehstrom-Asynchron-Motoren auf.

Äußerlich unterscheidet sich die Baureihe stark von den bisherigen DB-Maschinen. Die Loks haben keine Maschinenraumfenster und die Lüfter wurden in die Schräge zwischen den glatten Seitenwänden und dem Dach verlegt.

Nachdem die fünf als 120 001 bis 005 bezeichneten Prototypen ausgiebig untersucht worden waren, erteilte die DB Ende 1984 einen ersten Serienauftrag über 36 Lokomotiven, der später um 24 Maschinen ergänzt wurde. Im Dezember 1988 kam mit der 120 160 die letzte Lok dieser Baureihe zur DB.

Die Serienmaschinen unterscheiden sich unter anderem durch die zeitmultiplexe Wendezugsteuerung, die Doppeltraktionseinrichtung, die elektropneumatische Bremse, die automatische Fahr- und Bremssteuerung (AFB) und den Schleuderschutz von der Vorserie.

▲ Die »Künstlerlok« 120 139 wurde auf Betreiben des Modellbahnherstellers Märklin von Teun Hocks gestaltet. Am 31. Mai 1997 rangiert sie in München Hbf.

Sie haben einen klimatisierten, druckdichten Führerstand. Deshalb wurden sie von der DB bevorzugt zur Beförderung von IC-Zügen auf der Schnellfahrstrecke zwischen Würzburg und Hannover eingesetzt, wo die 103 wegen der fehlenden Druckdichtigkeit nicht eingesetzt werden konnte. Auch die nicht druckdichten 120 001 bis 005 konnten auf dieser Strecke nicht eingesetzt werden.
Die Maschinen erbrachten zeitweilig auf der Schnellfahrstrecke Laufleistungen von 1.600 km bis 1.800 km pro Tag, was ihnen aufgrund des hohen Verschleißes stark zusetzte. So häuften sich die Ausfälle, zeitweise waren nur 75 Prozent des Bestands einsatzfähig. Mit der Einführung von ICE-Zügen entspannte sie die Lage. Die Loks liefen vor IC-Zügen auf anderen Strecken und wurden nun auch verstärkt im Güterverkehr genutzt.
Mitte der 1990er-Jahre benötigten die Loks ein umfangreiches Sanierungsprogramm. Besonders die Drehgestelle und die Kastenabstützung waren durch die schweren Einsätze in Mitleidenschaft gezogen worden.
Mit der Inbetriebnahme der Baureihe 120^1 schieden die Prototypen aus dem Plandienst aus. Sie wurden den BZA als Versuchsloks zugeteilt und lösten dort die vier 103^0 ab. 1989 wurden die 120^0 in 752 001 bis 005 umgezeichnet. 752 004 und 005 dienten in den 1990er-Jahren als Erprobungsträger der neuen Schnellzugbaureihe 101.
Die 752 003 gehört inzwischen dem Verkehrsmuseum Nürnberg. Sie steht im Bahnpark Augsburg. 752 001 wurde bei einem schweren Unfall im Jahr 2004 zerstört und vor Ort zerlegt, auch 752 002 ist

verschrottet. 752 005 steht abgestellt beim FTZ in München, nur 752 004 ist noch aktiv.

120 153 und 120 160 wurden Anfang 2005 an die DB Systemtechnik verkauft und in 120 501 und 120 502 umgezeichnet. Beide Loks kommen mit Versuchs- und Messzügen in ganz Deutschland zum Einsatz. Bei Lokmangel werden sie an den Fernverkehr verliehen, ab und zu sind sie deshalb auch vor Planzügen zu beobachten.

Um die Qualität auf den Bahnlinien entlang der Ostseeküste zu verbessern, setzt die DB Regio seit 2007 auf der Linie RE 1 zwischen Hamburg und Rostock lokbespannte Züge ein. Dafür wurden fünf 120 an DB Regio abgegeben und mit einem Nahverkehrspaket (Zugzielanzeiger, Zugabfertigungssystem, Server usw.) ausgerüstet. Die Loks sind nun als 120 201 bis 205 bezeichnet und vor Doppellstockwagen auf dieser Linie anzutreffen.

Inzwischen ist die DB von der Idee einer Universallok wieder abgekommen und hat die Pläne für eine als Baureihe 121 geplante Nachfolgemaschine auf Eis gelegt.

▲ Bei den fünf Vorserienmaschinen der Baureihe 120 wurden zum ersten Mal Drehstrom-Asynchronmotoren in Elloks verwendet. Diese Motoren können in allen Drehzahlbereichen unter Volllast betrieben werden und machen so die 120 zu einer Universallok. Zusammen mit einer Lok der Baureihe 155 wartet 120 003 am 9. Oktober 1992 in Probstzella auf Ausfahrt.

▲ 2008 ist 120 151 die einzige bunte ihrer Baureihe. Sie wirbt für das ZDF, ist blau lackiert und nicht wie die Werbeloks der Baureihe 101 mit Folien beklebt. Mit einem InterCity erreicht sie am 21. Mai 2007 Stuttgart Hbf.

Baureihe		120
Länge über Puffer	mm	19.200
Treibraddurchmesser	mm	1.250
Radsatzstand gesamt	mm	13.000
Achsanordnung		Bo'Bo'
Gewicht	t	83,2
Höchstgeschwindigkeit	km/h	200
Leistung	kW	5.600
Anfahrzugkraft	kN	340
Erste Indienststellung		1987

◀ 120 501 – die ehemalige 120 153 – gehört heute zu DB Systemtechnik und wird meist vor Messzügen eingesetzt. Wenn man sie dafür nicht benötigt, so kommt sie auch vor Planzügen zum Einsatz. Hier durchfährt sie mit einem Nachtzug die S-Bahn-Haltestelle Heimeranplatz in München.
Foto: Christof Schröfl

▶ Blick in den Lokkasten der Baureihe 120. Die Wellenstruktur der Seitenwandverkleidung macht ein schweres Kastengerippe überflüssig.
Foto: Werkfoto Siemens

Elloks der Deutschen Bahn AG

Baureihe 101

Nachdem die DB Ende 1988 mit der 120 160 die letzte Lok dieser Baureihe abgenommen hatte, wandte sie sich der Entwicklung schneller Triebzüge zu. Das neue Konzept lautete »InterCity-Express«. Die Triebzüge der Baureihen 401 und 402 mit zwei angetriebenen Köpfen und antriebslosen Mittelwagen sind die direkten Nachfolger der Baureihe 120. Es zeigte sich aber, dass auch die Weiterentwicklung der Lokomotiven nicht vernachlässigt werden durfte. Mitte der 1990er-Jahre hatten die Einheitselloks ein Alter von rund 50 Jahren erreicht und die sechsachsigen Maschinen der Baureihe 103 mussten wegen ihrer sehr hohen Laufleistungen ebenfalls ersetzt werden.

▲ Eine außergewöhnliche Bespannung hatte der EC 114 am 9. Mai 2008 Hinter der Zuglok 101 057 läuft 120 114 im Zug mit.

▲ Bei den ersten drei Loks der Baureihe 101 entspricht die Farbaufteilung bereits dem verkehrsroten Anstrich, sie wurden aber noch in Orientrot abgeliefert. Am 16. Oktober 2007 passiert 101 003 mit EC 115 den Bahnhof von Esslingen in Richtung Süden.

Statt mit der als Baureihe 120 umgesetzten »Universallok« entwickelte man wieder getrennte Schnellzug- und Güterzugloks. Dies lag nicht zuletzt an der Aufgliederung der DB AG in einzelne Geschäftsbereiche, die nun getrennt voneinander wirtschaften mussten. Die speziell zugeschnittenen Loks konnten kostengünstiger produziert werden, als »Hochleistungs-Allround-Maschinen«, die mit Komponenten für alle Einsatzbereiche ausgestattet sein müssen.
Die DB erstellte Anforderungsprofile für die Loks und schrieb das Projekt europaweit aus. Neben deutschen Herstellern beteiligten sich auch Lokfabriken aus dem Ausland mit unterschiedlichen Entwürfen, die aber nach eingehender Prüfung durch die DB verworfen wurden. Siemens und Krauss-Maffei stellten mit der 127 001 – dem »EuroSprinter« – einen Prototyp auf die Schienen. Von der AEG Schienenfahrzeugtechnik stammte die 128 001. ABB Henschel hatte keinen eigenen Prototypen, sondern lediglich ein Konzept mit dem Namen Eco2000. Die Komponenten dieses Konzepts wurden in unterschiedlichen Loks der Baureihe 120 getestet, bevorzugt wurden dafür die Vorserienmaschinen der Baureihe 120^0 verwendet. 120 005 bekam beispielsweise neue Stromrichter auf Basis von GTO-Thyristoren und eine neue Bordelektronik. Die 120 004 wurde auf eine aus den ICE-Drehgestellen weiterentwickelte Bauart gesetzt, die einen sogenannten »integrierten Gesamtantrieb«

▲ Wegen der Wendezugsteuerung müssen die Loks der Baureihe 101 beim Richtungswechsel nicht umgespannt werden. Am 30. April 2008 schiebt 101 060 den IC 2392 durch Stuttgart-Untertürkheim.

und Scheibenbremsen hatte. Sie diente als Grundlage für die Drehgestelle der neuen Baureihe 101. An der 120 004 wurde zudem auch ein biologisch abbaubarer Polyol-Ester als Kühlmittel für den Haupttransformator getestet, der später in den Maschinen der Baureihe 101 verwendet wurde.

Die Baureihe 101 ist so konzipiert, dass sie in einer ersten Einsatzphase die Schnellzugloks der Baureihe 103 im schweren IC- und EC-Dienst ablösen konnte. Wenn die Umstellung der Fernzüge auf ICE-Triebzüge abgeschlossen ist, sollen die Loks in den Güterzugdienst wechseln. Dies musste bei der Konstruktion der Loks berücksichtigt werden.

Dem Stand der Zeit entsprechend ist die 101 mit umfangreicher Elektronik ausgestattet. So hat sie das Traktionsleitsystem Micas S, das auch bei den ICE-Triebköpfen eingebaut wurde. Es besteht aus mehreren Computersystemen, zur Steuerung, Überwachung und Diagnose der Lok. Die Daten werden über ein Bus-Leitsystem von den unterschiedlichen Mess- und Überwachungsfühlern auf das zentrale Steuergerät übertragen.

Um die Leistung der Loks besser auf die Schienen zu bringen, bekamen sie eine neue Radsatzschlupfregelung. Wenn bei den Vorgängerloks ein Radsatz schleudert, muss die Leistung für alle Radsätze zurückgenommen werden. Bei der 101 kann das Drehmoment des schleudernden Radsatzes zurückgenommen, während es bei den anderen Radsätzen, sogar noch erhöht werden kann.

1994 vergab die DB AG den Auftrag an ABB Henschel. Als erste Lok wurde 101 003 im Sommer 1996 an die DB AG übergeben. Sie war ebenso wie die beiden anderen Prototypen noch im orientroten Farbschema lackiert. Alle weiteren Lokomotiven wur-

▲ Ihre glatten Außenflächen machen die Loks der Baureihe 101 zu bevorzugten Werbeloks. Zur Fußball-Weltmeisterschaft 2006 bekam 101 067 eine Beklebung mit gelbgrünem Basis-Farbton. Am 11. Juni 2006 steht sie in Stuttgart Hauptbahnhof.

den im neuen verkehrsroten Anstrich geliefert. Die 145 Maschinen gehören zum Betriebwerk Hamburg-Eidelstedt. Im Sommer 1999 verließ die letzte Lok dieser Baureihe das Henschel-Werk in Kassel.

Im Sommerfahrplan 1997 fuhren die ersten 101er ihren Betriebseinsatz in einem zehntägigen Umlauf. Zunächst wurden die schweren IR-Züge auf der Linie zwischen Hamburg und Konstanz mit 101 anstelle der Baureihe 111 bespannt. Später wurden die Leistungen der Baureihe 103 übernommen.

Nachts und an den Wochenenden sind viele 101 vor Güterzügen im Einsatz. Sie ziehen unter anderem die Parcel-Intercities mit 160 km/h.

Seit im Jahr 1995 Wendezug-Steuerwagen für InterRegio- und InterCity-Züge in Dienst gestellt wurden, setzt man die Loks verstärkt im Wendezugdienst ein. Nicht nur, um die Wendezeiten in Kopfbahnhöfen zu verkürzen und den Lokwechsel zu sparen, sondern auch, um die Laufleistungen der Loks nochmals zu erhöhen.

Mit ihrer glatten Außenhaut und dem deutschlandweiten Einsatz bot sich die Baureihe 101 als fahrender Werbeträger an. Kurz nach Auslieferung der ersten Lok warb ab Mai 1998 die 101 001 für das Musical »Starlight-Express«, gefolgt von Werbekampagnen anderer Auftraggeber. Auch die Bahn AG nutzt die Loks, um für ihr Preissystem zu werben. Die Werbungen werden auf Folien gedruckt und auf den Lokomotivkasten geklebt. Im Frühjahr 2008 hatten einige Loks großflächig mehrfarbige Werbungen auf dem Kasten: 101 003 (Kuwait Airways), 101 016 (UNICEF), 101 037 (ARD-Buffet), 101 047 (Feuerwehrverband), 070 (Adler Mannheim), 089 (Canaris), 101 (Europa verbinden), 102 (Alle Menschen sind gleich), 133 (Ethiopian Airlines), und 141 (Gegen Hass und Gewalt) großflächig mehrfarbige Werbung auf dem Lokkasten.

▲ 101 070 macht die Eishockeymannschaft »Adler Mannheim« in ganz Deutschland bekannt. Am 6. Mai 2008 ist sie mit EC 61 in Richtung München unterwegs.

Der »Metropolitan«

Im Sommer 1999 führte die Deutsche Bahn mit dem »Metropolitan« eine exklusive Zugverbindung zwischen Köln und Hamburg ein. Dafür beschaffte sie 14 neue Reisezugwagen mit luxuriöser Inneneinrichtung, die sich an die Mittelwagen des ICE-2 anlehnen. Sie wurden in zwei fest gekuppelten Einheiten mit sechs Mittel- und einem Steuerwagen eingesetzt. Als Zugloks dienten 101 130 und 101 131. Sie bekamen den silberfarbenen Anstrich und das orangerote Logo der Züge. Die Reserveloks 101 124 und 101 126 blieben verkehrsrot. Alle vier Loks wurden mit zusätzlichen Einrichtungen ausgerüstet. Neben einem speziellen Zugbus wurde ein Diagnoseanzeige- und Visualisierungsgerät (DAVIS) eingebaut. Damit kann der Triebfahrzeugführer von der Lokomotive aus die Diagnosedaten des Wagenzugs abfragen.
Ende 2004 stellte die DB die Verbindung ein. Die vier 101 kamen in den normalen Dienst. Die beiden silberfarbenen Loks wurden verkehrsrot lackiert.

▲ Als »Werdezug« ist 101 102 am 24. Februar 2008 mit IC 2368 unterwegs.

Baureihe		101
Länge über Puffer	mm	18.950
Treibraddurchmesser	mm	1.250
Radsatzstand gesamt	mm	13.500
Achsanordnung		Bo'Bo'
Gewicht	t	86,9
Höchstgeschwindigkeit	km/h	220
Leistung	kW	6.400
Anfahrzugkraft	kN	300
Erste Indienststellung		1997

Baureihen 152, 182 und 189

Anfang der 1990er-Jahre beteiligten sich Krauss-Maffei und Siemens mit dem »EuroSprinter« 127 001 an der Entwicklung einer neuen Ellokgeneration. Dem Programm für eine Universalellok liegt eine modulare Bauweise zu Grunde, mit der die Loks auch für andere Stromsysteme ausgeführt werden können. So kommt es, dass die spanische, die portugiesische und die griechische Staatsbahn direkt aus dem »EuroSprinter« abgeleitete Loks einsetzen, die teilweise in Lizenz von lokalen Herstellern gebaut wurden.

In der Zwischenzeit hatte aber die DB AG ihre Strategie geändert. Statt die Pläne für eine Universallok weiter zu verfolgen, wandte sie sich wieder spezialisierten Maschinen zu. Durch die politische und wirtschaftliche Entwicklung zeichnete sich ohnehin eine Aufteilung der Bahn AG in einzelne Geschäftsbereiche bzw. in eigenständige Tochterunternehmen ab.
Mitte der 1990er-Jahre war das Beschaffungsprogramm der DB soweit fort geschritten, dass erste Aufträge an die Industrie ver-

▲ Die Lokomotiven der Bauerihe 152 wurden aus dem von Krauss-Maffei und Siemens entwickelten »EuroSprinter« 127 001 abgeleitet. Die vierachsigen Güterzugmaschinen lösten die sechsachsigen Einheits-Elloks der Baureihe 150 ab. 152 031 durchfährt am 6. August 2007 den Güterbahnhof von Stuttgart-Untertürkeim. Im Hintergrund ist die Grabkapelle auf dem Württemberg zu erkennen.

▲ Die Loks wurden alle in Verkehrsrot geliefert. Bei einigen von ihnen ist der weiße Kontrastbalken aber zwischen den Frontlichtern. Außerdem wurde bei 152 131 – hier am 6. Oktober 2007 in Esslingen – auf alle Eigentumskennzeichen verzichtet.

geben werden konnten. Siemens und Krauss-Maffei bekamen dabei den Zuschlag für eine Güterzuglokomotive, die auf dem »EuroSprinter« aufbauen sollte.

Wichtigste Änderung war der Austausch des Hohlwellenantriebs gegen den robusteren und günstigeren Tatzlagerantrieb, der für Güterzugmaschinen mit einer Höchstgeschwindigkeit von 140 km /h völlig ausreicht.

Am 10. Dezember 1996 verließ im Rahmen eines feierlichen »Roll-Out« die erste Lok der Baureihe ES 64 F eingereiht als 152 001 der DB AG die Werkhallen von Krauss-Maffei in München. Im Frühjahr 1997 begannen die Mess- und Zulassungsfahrten auf dem Münchener Außenring und im Herbst 1997 wurden die Lokomotiven 152 001 bis 004 von der DB abgenommen und im Betriebshof Nürnberg stationiert.

1998 verlagerte Siemens seine Lokomotivproduktion vom Werk Essen zum Fahrzeughersteller Duewag, sodass die Loks nun wechselweise in München oder Uerdingen montiert wurden. Im selben Jahr wurde mit der 152 190 eine außergewöhnliche Lokomotive in Dienst gestellt. Die eigentlich als 152 032 vorgesehene Maschine bekam eine neue Hochleistungselektronik mit Integrated-Gate-Bipolar-Transistor-Technik (IGBT-Technik). Mit diesem Stromrichter lassen sich wesentlich höhere Leistungen erzielen als mit der herkömmlichen Technik. Bei ihrer Bestellung gab die DB eine Option über weitere 25 Lokomotiven ab, die die Nummern 152 171 bis

▲ Die ÖBB reihten ihre »Taurus«-Maschinen als Reihe 1016 bis 1216 ein. Zur Fußball-Europameisterschaft 2008 wurden Loks in den Farben der teilnehmenden Länder gestaltet. 1116 036 »Deutschland« zeigt sich in München Hbf. *Foto: Chistof Schröfl*

195 bekommen sollten. Damit sollte das Einsatzgebiet der Baureihe 152 auf Österreich ausgedehnt werden. Aber die ÖBB verweigerte die Genehmigung für den Einsatz der 152 auf ihrem Streckennetz, weil die Loks angeblich zu hohe Kräfte auf die Gleise ausüben und somit für einen zu hohen Verschleiß sorgen. Deshalb wurde die Option in eine Bestellung über 25 Lokomotiven der österreichischen Mehrsystem-Baureihe 1016 »Taurus« umgewandelt, die die DB als Baureihe 182 in Dienst stellte.

Von zahlreichen anderen Neubau-Ellok-Baureihen sind viele Exemplare im Besitz von Privatbahnen. Im Gegensatz dazu gibt es von der Baureihe 152 nur zwei Lokomotiven, die nicht der DB gehören: 152 901 und 902 wurden in den Siemens-Lokpool aufgenommen und an verschiedene Kunden vermietet, die sie mit ihren Firmenlogos versahen. Dabei blieb der Grundanstrich mit gelbem Kopf und silberfarbenen Seitenwänden erhalten. Im August wurden die Loks in das eigene Nummernschema der Firma Siemens aufgenommen und als ES 64 F-901 und 902 bezeichnet. Zunächst waren sie für BGW/Rhenus Rail unterwegs. Lok 901 kam im Juli 2000 zu Netlog/TXL, Lok 902 Ende 2001. Sie trugen die Seitenaufschrift »boxpress.de«. Im Mai 2005 übernahm ITL die beiden Maschinen.

1996 schrieben die Österreichischen Bundesbahnen die Beschaffung einer neuen Ellok aus. Eine Projektgruppe hatte die Eckdaten erarbeitet, die unter anderem eine Höchstgeschwindigkeit von 230 km/h vorsahen. Die Lok sollte sowohl vor schnellen Personenzügen als auch vor schweren Güterzügen eingesetzt werden können. Unter den bis zum Februar 1997 angebotenen Entwürfen befand sich auch einer von Siemens und Krauss-Maffei, der auf dem »Eu-

▲ 182 009 war die erste Lok ihrer Baureihe mit »RaiLion«-Beschriftung, außerdem warb sie auf ihren gelben Seitenflächen für DHL. Mit einem kurzen Güterzug durchfährt sie die S-Bahn-Station Heimeranplatz in München. *Foto: Chistof Schröfl*

roSprinter« aufbaute. Der »EuroSprinter« wurde auf den neuesten technischen Stand gebracht, erhielt ein ausgefallenes Design und wurde unter der Bezeichnung ES 64 U2 als Universallok entwickelt. Die ÖBB hatten sich inzwischen entschieden, die Loks als Ein- und Zweisystemmaschinen zu beschaffen und als Baureihen 1016 und 1116 einzureihen. Um den Bekanntheitsgrad der Loks zu steigern, tragen sie bei den ÖBB den Namen »Taurus«, der sich inzwischen für alle ES 64 U durchgesetzt hat.
Die DB reihte ihre 25 »Taurus«-Loks der Baurart ES 64 U2, die sie statt weiterer Loks der Baureihe 152 bestellt hatte, als Baureihe 182 ein. Die DB-Maschinen sind in Nürnberg beheimatet.
Weitere Lokomotiven dieser Bauart gehören zum Dispolok-Pool (ehemals Siemens, jetzt MRCE) und werden an verschiedene Bahngesellschaften vermietet, unter anderem an NetLog, Hupac AG, R4C, RAG Bahn und Hafen sowie TX Logistik. Die ungarische MÁV besitzt ebenfalls zehn dieser Loks und reihte sie als 1047 in ihren Bestand ein. Die ungarisch-österreichische Privatbahn GySEV nennt ihre fünf Maschinen 1047 501 bis 510. In Deutschland sind mit 1116 911 und 912 zwei »Taurus« im Bestand der Mittelweserbahn.
Die Weiterentwicklung Siemens ES 64 U4 wird als Dreisystem-Drehstrom-Universallokomotive gebaut wird, kann bei Bedarf aber auch als Viersystemlokomotive ausgeführt werden. Die von den ÖBB beschafften ES 64 U4 sind als Baureihe 1216 unterwegs.
Am 2. September 2006 stellte die ÖBB-Lokomotive 1216 050, welche sich zu diesem Zeitpunkt noch im Besitz von Siemens befand, einen Weltrekord für konventionelle Lokomotiven auf. Sie erreichte auf der Neubaustrecke Nürnberg – Ingolstadt zwischen Kinding und Allersberg im ersten Versuch 344 km/h und im zweiten Versuch 357 km/h. Damit überbot sie damit beide Male den Rekord der SNCF BB 9004 aus dem Jahre 1955 von 331 km/h.

▲ Die verkehrsroten DB-Loks der Reihe 189 gehören zur Siemens-Produktreihe »ES 64 F4« und können unter vier Stromsystemen eingesetzt werden. 189 020 bespannt am 6. September 2007 einen Güterzug von Kornwestheim in Richtung München.

Für das private Eisenbahnverkehrsunternehmen Arriva ist eine neue Zwei-System-Variante als Baureihe 183 im Einsatz, die aber alle Verbesserungen der ES 64 U4 (Taurus III) aufweist. Die vier Maschinen sind ab München in Richtung Regensburg unterwegs.
Weitere Mitglieder der »EuroSprinter«-Familie sind die von Siemens Transportation Systems gebauten Vier-System-Lokomotiven der Baureihe ES 64 F4. In Deutschland sind sie vor allem als Baureihe 189 der Deutschen Bahn AG im Einsatz. Die Loks können mit vier in Europa üblichen Bahnstromsystemen betrieben werden. Auf den britischen Inseln verhindert allerdings das engere Lichtraumprofil den Einsatz der Loks. In Spanien, Portugal und in mehreren Ländern Osteuropas können sie wegen der dort verwendeten Breitspur nicht eingesetzt werden.
Auch die ES 64 F4 ist modular aufgebaut und wird je nach Kundenwunsch mit unterschiedlichen »Paketen« ausgestattet. Die Kunden können beispielsweise zwischen dem schnelleren, teureren Hohlwellenantrieb und dem langsameren, günstigeren Tatzlagerantrieb wählen. Auch die Zugsicherungssystem-Komponenten der verschiedenen Bahnverwaltungen lassen sich einbauen.
Bei der DB haben die Loks Tatzlagerantrieb. Sie werden mit einer Höchstgeschwindigkeit von 140 km/h fast ausschließlich vor Güterzügen eingesetzt.
Im April 2006 erhielten die ersten Lokomotiven ihre Zulassung für die grenzüberschreitende Strecke Bad Schandau – Dêcin im Elbtalbahn. Damit kommen sie erstmals auch unter einer Fahrleitungsspannung von 3 kV Gleichspannung zum Einsatz. Einschränkungen bestehen dort noch hinsichtlich Höchstgeschwindigkeit, der Anzahl einsatzfähiger Fahrmotoren und des Verbots, die elektrische Bremse zu benutzen.
Im selben Jahr erteilte die DB AG an ein Konsortium aus Siemens und Alstom den Auftrag, 26 Lokomotiven der Baureihe 189 mit dem europäischen Zugleitsystem ETCS auszurüsten. Damit sie auch

▲ Auch viele private Eisenbahnunternehmen haben »Taurus«-Loks in ihrem Bestand. 1116 911 gehört der Mittelweserbahn (MWB), die mit ihren Loks Güterzüge in ganz Deutschland bespannt. *Foto: Christof Schröfl*

in den Niederlanden fahren dürfen, bekamen sie noch zusätzlich das niederländische Zugsicherungssystem ATB. Außerdem haben die Loks – entsprechend den niederländischen Vorschriften – eine komplett weiße Front.

Zwischenzeitlich hat Railion zehn Lokomotiven der Baureihe 189 an die »Mitsui Rail Capital Europe« (MRCE), einem privaten Lokomotiv-Vermieter, verkauft. Zunächst mietete Railion diese Loks selbst wieder, inzwischen sind sie aber für andere Betreiber als Dispoloks im Einsatz. Unter anderem bespannen diese Maschinen den »EuroNightLine« und sind passend zu den Schlafwagen nachtblau lackiert.

Bei den Schweizerischen Bundesbahnen SBB sind Loks von diesem Typ als Re 474 im Einsatz. Zunächst hatten die SBB 18 Maschinen bestellt, auf Grund von Verzögerungen bei der Zulassung in Italien und anderer Probleme wurden aber nur zwölf übernommen. Die anderen sechs verkaufte Siemens an Hector Rail (Schweden, zwei Loks), Impresa Ferroviaria Italiana (Italien, drei Loks) und Nordcargo (Italien, eine Lok).

Außerdem vermietete der ehemals siemenseigene Fahrzeugpool »Dispolok« die Maschinen an verschiedene Eisenbahnunternehmen. Zeitweise mietete DBAutoZug ES 64 F4-020, um ein Zugpaar von Hamburg-Altona bis Rijeka in Kroatien ohne Lokwechsel fahren

▲ Gesickte Seitenwände und Scheinwerfer mit Leuchtdioden sind die Merkmale der Baureihe 189. Wie 189 030 gehören alle DB-Loks zu RaiLion und werden bevorzugt im Güterzugdienst eingesetzt (20. Juli 2007).

zu können. Die DB musste dafür auf eine Maschine von Dispolok mit den passenden Länderpaketen zurückgreifen, weil Railion keine entsprechend ausgerüstete 189 besitzt. ES 64 F4-020erhielt für diesen Einsatz eine Sonderlackierung an den Längsseiten. Inzwischen hat Siemens ebenfalls seinen Lokpool an die japanische Leasing-Gesellschaft MRCE verkauft, die damit mehr als 45 Loks dieses Typs besitzt. Davon wurden wiederum je fünf Loks an die italienische Bahngesellschaft Rail Traction Company und an Lokomotion verkauft. Die übrigen 35 Exemplare sind für diverse Eisenbahngesellschaften in ganz Europa im Einsatz, unter anderem fährt Veolia damit nach Frankreich, und die polnische CTL befördert mit den Loks Kohlezüge von Rotterdam nach Deutschland. CityNightLine nutzt die Loks für Fernverbindungen in die Niederlande. Mittlerweile hat MRCE weitere 50 Loks dieses Typs bestellt.

▲ Seitenansicht der Viersystemloks Baureihe 189 in der Ausführung von Railion. *Zeichnung: Peter Erdmann*

Baureihe		152	182	189
Länge über Puffer	mm	19.580	19.280	19.580
Treibraddurchmesser	mm	1.250	1.150	1.250
Radsatzstand gesamt	mm	12.900	12.900	12.800
Achsanordnung		Bo'Bo'	Bo'Bo'	Bo'Bo'
Gewicht	t	86,7	85	86
Höchstgeschwindigkeit	km/h	140	230	140
Leistung	kW	6.400	6.400	4.200[a]/6.000[b]/6.400[c]
Anfahrzugkraft	kN	300	300	300
Erste Indienststellung		1997	2001	2003
Anmerkung: [a] = bei 1,5 kV Gleichspannung, [b] = bei 3 kV Gleichspannung, [c] = bei 15 kV Wechselspannung				

Baureihen 145, 146 und 185

Zu Beginn der 1990er-Jahre entwickelte die Industrie auf eigene Kosten neue Elektrolokomotiven. AEG stellte 1994 mit der 12X einen ersten Prototyp vor. Er wurde als 128 001 bezeichnet und in den Laufplänen verschiedener DB-Loks eingesetzt.
Nach den Untersuchungen, die von verschiedenen Umbauten begleitet waren, kam die Lok zum Cargo-Werk Nürnberg. Später wurde sie in den Adtranz-Lokpool übernommen. Mit der Übernahme von Adtranz durch Bombardier Transportation gelangte sie zum Bombardier-Lokpool. Die aus der 12X abgeleiteten Maschinen mit Drehstrom-Antriebstechnik und hochintegrierter 32-Bit-Leitungstechnik sollten vor allem die über 800 Lokomotiven der Baureihen 139 und 140 ablösen.

▲ Die Lokomotiven der Baureihe 146 entstammen ebenfalls der »TRAXX«-Familie von Bombardier. Sie werden dort als »F 140 AC« oder »F 140 AC 2« bezeichnet. Loks der Unterbaureihe 146^2 werden im Großraum Stuttgart mit Regionalzügen eingesetzt. Am 28. März 2008 hat 146 204 mit RE 4934 aus Ulm Stuttgart-Bad Cannstatt erreicht.

▲ Die Loks der Baureihe 145 gehörten zu den ersten Neubaufahrzeugen, die von privaten Eisenbahnunternehmen beschafft wurden. 145-CL 015 steht in Diensten der Häfen und Güterverkehr Köln AG (HGK), die sie vor Güterzügen in ganz Deutschland einsetzt. Am 16. Juli 2007 steht sie in Ulm Hbf.

Die Loks sind mit dem »GEALAIF«-Antrieb ausgestattet, bei dem der Drehstrom-Asynchronmotor und das Getriebe zu einer Einheit mit neuem Lagerungskonzept verbunden sind. Das Gewicht des Fahrmotors wird je zur Hälfte von den Rollentatzlagern und vom Mittelträger des Drehgestells getragen. Eine Temperaturüberwachung und Drehzahlgeber sollen Beschädigungen der Motoren verhindern.

Mikrocomputer und das von Adtranz entwickelte Leitsystem MITRAC steuern, regeln und überwachen die Loks. Zwei integrierte Steuergeräte (ISG) sind über einen Multifunktions-Vehicle-Bus (MVB) mit der Fahrzeugsteuerung, der Antriebssteuerung, der automatischen Fahr- und Bremssteuerung (AFB), der Weg- und Geschwindigkeitsmessung sowie der Sicherheitsfahrschaltung (Sifa) verbunden. Einige Maschinen wurden zusätzlich mit CIR-ELKE ausgestattet.

Mitte der 1990er-Jahre fiel bei der Deutschen Bahn die Entscheidung, zunächst 80 Lokomotiven für das deutsche Streckennetz zu bestellen. Am 10. Juli 1997 wurde die 145 001 als erste Maschine bei Adtranz in Hennigsdorf der Öffentlichkeit vorgestellt. Im Oktober 1997 begannen die Testfahrten mit der neuen Baureihe und Mitte Januar 1998 erteilte das Eisenbahn-Bundesamt (EBA) die

Ulm Hbf
DB
146 210-0

▲ Die Anschriften an 146 204 weisen auf eine elektropneumatische Knorr-Druckluftbremse mit Einheitswirkung für Hochleistungsbremsen mit GPR-Umstellung, Scheibenbremsen (D) und Zusatzbremse hin. Rechts sind die Bremsgewichte für die unterschiedlichen Einstellungen angegeben.

Bauartzulassung. Im Frühjahr 1998 lieferte Adtranz weitere 145, sodass zunächst zehn Vorserien-Loks (145 001 bis 010) zur Verfügung standen, für die im Winter 1998/99 ein erster Umlauf erstellt wurde. Der achttägige Plan brachte die Loks mit Güterzügen von Seddin ins Ruhrgebiet.
Die anschließende Serienlieferung wurde Ende 2000 mit 145 080 abgeschlossen. Eine Option über weitere 320 Loks dieser Baureihe 145 wurde nicht eingelöst. Stattdessen beschaffte die DB Mehrsystemloks der Baureihe 185.
Im Auftrag von DB Regio und dem Land Rheinland-Pfalz stattete Adtranz 145 018 und 145 019 mit einem »Nahverkehrspaket« für den Einsatz vor Doppelstock-Wendezügen aus. Dazu gehören unter anderem die zeitmultiplexe Doppeltraktionssteuerung (ZDS), die zeitmultiplexe Wendezugsteuerung (ZWS) und die seitenselektive Türsteuerung. Außerdem wurden Fahrzielkästen in den Führerstandsfenstern montiert.
Von außen waren die Loks an der Aufschrift »Die neue Regio-Lok im Rheinland-Pfalz-Takt« und an einer Streckenskizze auf den Seitenwänden zu erkennen. Zusätzlich trugen sie das Landeswappen von Rheinland-Pfalz unter den Führerstands-Seitenfenstern.
Die 145 war die erste Ellok-Baureihe, die in nennenswerter Stückzahl an Privatbahnen im In- und Ausland geliefert wurde. Den Anfang machte die BASF in Ludwigshafen. Sie übernahm die grünen 145-CL 001 (CL = Cargo-Lok) bis 005. Später gingen 145-CL 001 und 002 an die EKO Transportgesellschaft mbH und bekamen einen rot/silberfarbenen Anstrich.

◀ Im Winter 2006/07 mussten die Loks der Baureihe 146^2 erstmals ihre Tauglichkeit bei niedrigen Temperaturen unter Beweis stellen. Am 25. Januar 2007 steht 146 210 mit RB 19301 abfahrbereit in Stuttgart-Bad Cannstatt.

▲ Viele der privaten 185 sind haben vier Stromabnehmer und sind mit einem »Schweiz-Paket« ausgestattet. 185 582 und eine weitere HGK-Maschine sind am Morgen des 8. August 2008 auf dem Weg in den Stuttgarter Hafen.

Mit den Nummern 145-CL 011 bis 145-CL 015 fahren fünf Loks für die Häfen und Güterverkehr Köln AG (HGK). Sie sind rot lackiert und haben auf den Längsseiten einen weiß/blauen Absetzstreifen sowie die Buchstaben »HGK«.

Die silberfarbige 145-CL 031 ist im Bestand der »Netzwerk Logistik GmbH« (NetLog). Die 145-CL 201 bis 204 sind an die »RAG Bahn und Hafen GmbH« vermietet. 2002 erweiterte die RAG ihren Bestand um die 145-CL 205 und 206. Der blau/silberfarbige Anstrich wurde durch einen komplett blauen ersetzt.

2000 lieferte Adtranz sechs der Loks in die Schweiz. Die Mittelthurgaubahn (MThB) stellte sie als Re 486 651 bis 656 in den Lokoop-Pool ein. Im Oktober 2002 meldete die MThB Insolvenz an. Die SBB übernahm die sechs 486er und reihte sie als Baureihe 481 in ihren Bestand ein. 2005 trennte sich die SBB von den Loks und verkaufte sie an den Lokomotiv-Vermieter »Mitsui Rail Capital Europe« (MRCE).

Die 145 001 (ehemals 486 654) ist an die Osthannoversche Eisenbahn AG (OHE) vermietet. Die ehemalige 486 651 fährt als 145 023 für die Eisenbahnbau- und Betriebsgesellschaft Pressnitztalbahn.

Neben der Güterzugversion in Form der Baureihe 145 beschaffte die Deutsche Bahn AG auch eine Ausführung dieser Lok für den Regionalverkehr. Anders als die Baureihe 145 haben die als Baureihe 146 bezeichneten Lokomotiven einem GEALAIF-Hohlwellen-Antrieb, der eine Höchstgeschwindigkeit von 160 km/h erlaubt. Die Asynchron-Drehstrommotoren und die zugehörigen Getriebe bilden eine geschlossene Einheit.

Die verkehrsroten Loks der ersten Bauserie (146^0) sind in Dortmund und Köln beheimatet. Die Unterbaureihe 146^1 ist in Braunschweig, Dortmund, Freiburg und Frankfurt

▲ 185 512 von TXLogistik wirbt zur Zeit für den Rostocker Hafen. Am 15. März 2008 ist sie mit einem Güterzug südlich von München unterwegs. *Foto: Christof Schröfl*

(Main) zu Hause. Die 146² fahren von Freiburg, Stuttgart und Nürnberg aus. Alle Loks werden bevorzugt vor Doppelstockwagen im Regionalverkehr eingesetzt und lösen dort die Loks der Baureihen 110 und 111 ab.

Neben der DB haben inzwischen auch andere Schienenverkehrsunternehmen »TRAXX P 160 AC2«, wie die Lok offiziell heißt, in ihrem Bestand. Dazu gehören die »Metronom«-Loks der Landesnahverkehrsgesellschaft Niedersachsen (LNVG). Sie werden von Uelzen aus auf den Strecken Göttingen – Uelzen – Hamburg und Hamburg – Bremen eingesetzt. Die Veolia Verkehr GmbH setzt Maschinen der Baureihe 146² vor den Fernverkehrszügen Interconnex ein, die auf der Relation Leipzig – Berlin – Rostock – Warnemünde verkehren. Auch auf der im Jahr 2003 nach nur vier Monaten wieder eingestellten Interconnex-Linie Köln – Kassel – Berlin – Rostock waren die Loks im Einsatz.

▲ Die Loks von Mitsui Rail Capital Europe (MRCE) sind an ihrer schwarzen Lackierung zu erkennen. 185 547 ist zur Zeit an die Eisenbahn-Bau- und Betriebsgesellschaft Pressnitztalbahn mbH vermietet. Am 9. September 2006 ist sie bei Ostermünchen unterwegs. *Foto: Christof Schröfl*

Eine weitere Baureihe aus der TRAXX-Familie (»locomotives platform for Transnational Railway Applications with eXtreme fleXibility«) ist die Baureihe 185. Sie unterscheidet sich durch ihre Mehrsystemausstattung von den anderen Lokomotiven.

Die Loks können mit der üblichen Wechselspannung mit 15 kV/16 2/3 Hz und mit einer Wechselspannung von 25 kV/50 Hz eingesetzt werden. Die ersten drei Vorausmaschinen haben je vier Stromabnehmer, zwei für jedes Stromsystem. Bei den Serienloks gibt es Fahrzeuge mit zwei oder vier Abnehmern, die teilweise mit unterschiedlich breiten Schleifstücken versehen sind.

Zusätzliche Zugsicherungsanlagen und eine ergänzende Bremssteuerung ermöglichen Einsätze im Ausland. So haben die Lokomotiven 185 020 bis 039 vier Stromabnehmer und das »Frankreich-Paket«.

Die Loks 185 085 bis 149 sind für Einsätze in der Schweiz vorgesehen. Zwei ihrer Stromabnehmer haben das 1.950 mm breite Schleifstück für die DB und zwei das 1.450 mm breite für die Schweiz. Die Sicherheitstechnik wurde um das Schweizer System Integra, ZUB 262 und den Zugfunk VZF 90 erweitert. Videokameras übernehmen die Funktion der in der Schweiz vorgeschriebenen Außenspiegel, die bei der DB nicht zugelassen sind.

Geplant ist auch ein »Nord-Paket« mit den Zugsicherungssystemen der skandinavischen Länder und weiteren dort vorgeschriebenen Einrichtungen. Dazu gehören beispielsweise Kochplatten.

Neben den rund 400 für die DB vorgesehenen Loks sind noch einmal ca. 200 Maschinen bei unterschiedlichen Privatbahnen in Deutschland, Österreich und der Schweiz im Einsatz. Diese Loks gehören meist Vermietungsgesellschaften wie MRCE oder Angel Trains. 35 davon sind bei der Schweizer SBB Cargo als Re 482 im Einsatz. Die BLS AG bezeichnet ihre eigenen 20 Loks als Re 485. 20 Loks sind bei der luxemburgischen Eisenbahn CFL im Einsatz. Diese spezielle Variante entspricht in vielen Details den Lokomotiven der Baureihe 185 der DB. Sie hat aber ein Personenverkehrspaket, das der entsprechenden Ausrüstung der Loks der Baureihe 146 der DB AG entspricht.

▲ Seitenansicht der Mehrzweckloks Baureihe 145 in der Ausführung von DB Regio. *Zeichnung: Peter Erdmann*

Computer Integrated Railroading – Erhöhung der Leistungsfähigkeit im Kernnetz der Eisenbahn (CIR-ELKE)
CIR-ELKE ist eine Weiterentwicklung der Linienförmigen Zugbeeinflussung (LZB) und ermöglicht besonders auf dicht befahrenen Strecken eine Erhöhung der Kapazität um bis zu 40 %. Möglich wird dies wird durch »Hochleistungsblöcke«, die den Verzicht auf feste Signale ermöglichen. In den flexiblen Blöcken werden Geschwindigkeiten, Haltezeiten und andere Parameter unterschiedlicher Züge aufeinander abgestimmt.

Baureihe		145	146	185
Länge über Puffer	mm	18.900	18.900	18.900
Treibraddurchmesser	mm	1.250	1.250	1.250
Radsatzstand gesamt	mm	13.000	13.000	13.000
Achsanordnung		Bo'Bo'	Bo'Bo'	Bo'Bo'
Gewicht	t	80	80[a]/82[b]/84[c]	84,5
Höchstgeschwindigkeit	km/h	140	160	140
Leistung	kW	4.200	4.200/5.600c	4.200
Anfahrzugkraft	kN	300	300	300
Erste Indienststellung		1998	2001	2001
Anmerkung: [a] = 146 001 bis 007, [b] = 146 008 bis 026, [c] = 146[1] und 146[2]				

▲ Seitensicht der E 18 01 in der Ursprungsausführung der Deutschen Reichsbahn mit grauem Kasten. *Zeichnung: Gernot Bahr*

▲ Seitensicht der E 18 19 in Ausführung der Deutschen Reichsbahn der DDR mit grünem Kasten. *Zeichnung: Gernot Bahr*

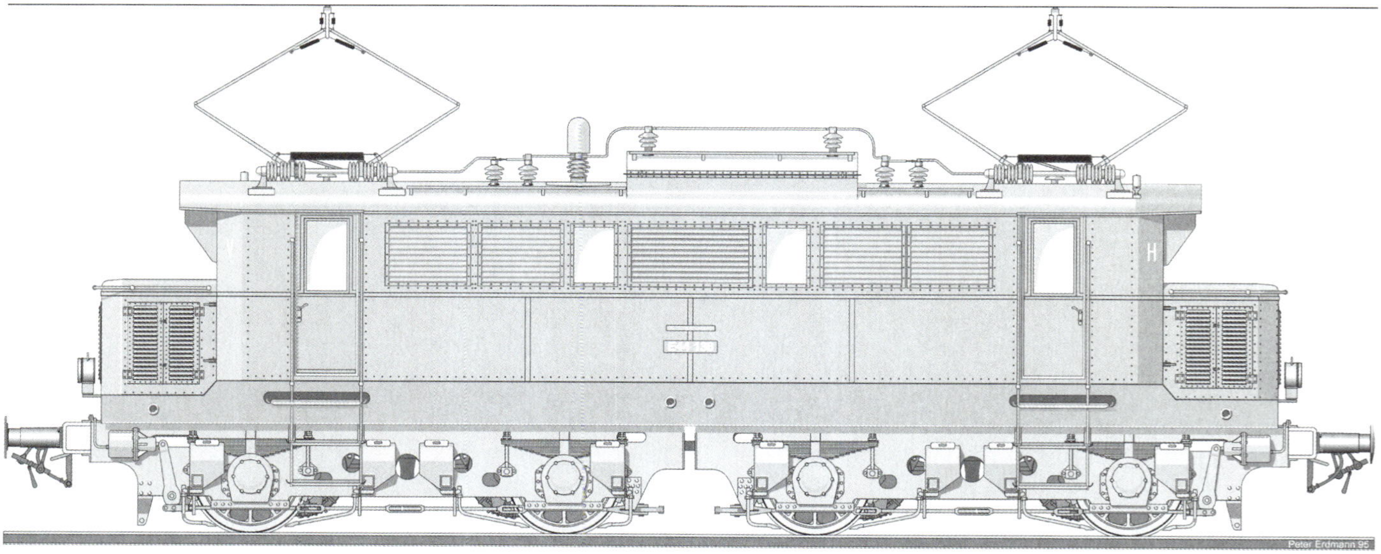

▲ Seitenansicht und Stirnansicht der Baureihe E 44. Sie läutete in den 1930er-Jahren mit ihrem Tatzlagerantrieb und den beiden laufachslosen Drehgestellen eine neue Entwicklung bei den Elloks ein. *Zeichnung: Peter Erdmann*

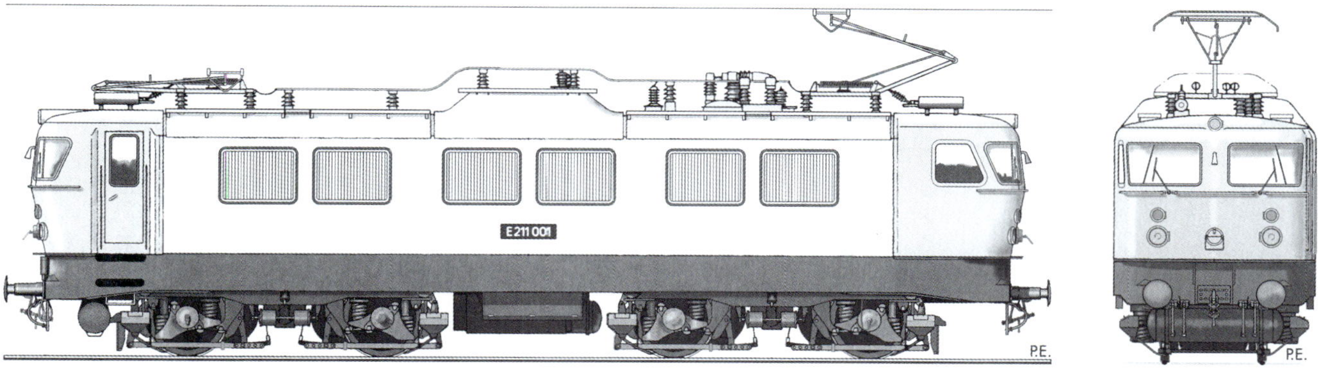

▲ Seitenansicht der E 211 001. Der LEW baute die Lokomotive für den Probebetrieb mit einer Wechselspannung von 25 kV und 50 Hz, wie er später auf der Rübelandbahn eingeführt wurde. *Zeichnung: Peter Erdmann*

▲ Seitenansicht der langen Ausführung der Baureihe 103 in der klassischen rot/beigefarbenen Lackierung. *Zeichnung: Gernot Bahr*

▲ Seitenansicht der Baureihe 103 im orientroten Design der DB mit »Lätzchen« an den Stirnfronten. *Zeichnung: Gernot Bahr*

Lokomotiven erleben mit Jan Reiners

Deutsche Dampflokomotiven im Bild
Welche Leistung hat welche Baureihe, wann wurde sie zuerst in Dienst gestellt und auf welchen Strecken? Diese und viele andere Fragen beantwortet dieser Titel mit Hilfe vieler Abbildungen. Außerdem enthält jedes Kapitel einen einführenden Abschnitt, der das wichtigste technische Fachwissen vermittelt.

144 Seiten, 124 Bilder, davon 50 in Farbe, 24 Zeichnungen

Bestell-Nr. 71292
€ 19,95

Deutsche Diesellokomotiven im Bild
Die Diesellok ist eine der wichtigsten Traktionsarten, steht aber meist im Schatten der Dampflokomotiven. Eisenbahnfreunde stellen aber immer öfter Fragen rund um die Diesellok und daher ist dieser Band das perfekte Nachschlagewerk, das alle Hintergründe über diese Fahrzeuge schnell und kompetent beschreibt.

128 Seiten, 118 Bilder, davon 91 in Farbe, 12 Zeichnungen

Bestell-Nr. 71322 **€ 19,95**

Deutsche Schmalspur-Dampfloks im Bild
Zwar sind Schmalspurloks nicht so elegant wie ihre normalspurigen Schwestern, aber ihr originelles Äußeres hat ihnen auch eine große – und beständig wachsende – Fangemeinde beschert. Somit liegt es nahe, dieser großen Leserschaft ein Buch an die Hand zu geben, in dem sie alles zu ihrer Leidenschaft Schmalspur-Dampfloks erfährt.

128 Seiten, 111 Bilder, davon 99 in Farbe, 17 Zeichnungen

Bestell-Nr. 71316 **€ 19,95**

IHR VERLAG FÜR EISENBAHN-BÜCHER

Postfach 10 37 43 · 70032 Stuttgart
Telefon (07 11) 2108065 · Fax (07 11) 2108070
www.paul-pietsch-verlage.de

trans press

Stand August 2008 –
Änderungen in Preis und Lieferfähigkeit vorbehalten